儿童性格

蔡万刚◎编著

中国纺织出版社

内 容 提 要

法国哲学家柏格森曾说："性格是一个人看不见的本质。"性格是左右孩子一生生存状况、人际关系甚至是命运的重要因素和内在力量，培养孩子良好的性格是每一个家长的责任。

本书正是针对孩子的性格修炼而编写，并从心理学的角度，结合具体案例，为家长朋友们提供了可操作的教育方案，指导家长了解孩子的性格，逐步完善孩子性格中不足的部分，进而培养出拥有迷人性格的孩子。

图书在版编目（CIP）数据

儿童性格心理学 / 蔡万刚编著. —北京：中国纺织出版社，2018.11（2023.7重印）
ISBN 978-7-5180-5437-4

Ⅰ.①儿… Ⅱ.①蔡… Ⅲ.①性格—儿童心理学
Ⅳ.①B844.1

中国版本图书馆CIP数据核字（2018）第224439号

责任编辑：闫 星　　特约编辑：李 杨
责任校对：寇晨晨　　责任印制：储志伟

中国纺织出版社出版发行
地址：北京市朝阳区百子湾东里A407号楼　邮政编码：100124
销售电话：010—67004422　传真：010—87155801
http：//www.c-textilep.com
E-mail：faxing@c-textilep.com
中国纺织出版社天猫旗舰店
官方微博http：//weibo.com/2119887771
北京兰星球彩色印刷有限公司印刷　各地新华书店经销
2018年11月第1版　2023年7月第3次印刷
开本：710×1000　1/16　印张：14
字数：142千字　定价：48.00元

前　言

preface

中国人常说："可怜天下父母心。"的确，作为父母，"望子成龙、望女成凤"，培养优秀的孩子，这是为人父母的殷切期望，那么，在孩子"优秀"的诸多要素中，到底什么是最重要的呢？

瑞士著名的心理学家荣格说，播下一种行动，你将收获一种习惯；播下一种习惯，你将收获一种性格；播下一种性格，你将收获一种命运。

性格会决定孩子一生的命运！不难想象，一个胆小怕事、总是躲在父母背后的孩子能有什么大出息，一个遇事就知道推卸责任的孩子又怎能担当重任，一个爱慕虚荣的孩子又怎么能赢得信任……

可以说，孩子有什么样的性格就有什么样的人生。所以，培养孩子良好的性格不仅是父母的重要职责，也是家庭教育中最应重视的部分之一。

那么，一个好性格的人是怎样的呢？

曾经有一位富豪在为自己的孩子制订培养计划时写道，一个优秀的孩子应该有以下性格品质。

他自信大方，走路时眼睛平视前方；

他懂礼貌、知礼仪，在路上遇到认识的人会主动打招呼，会对陌生人微笑；

他的脸上总是洋溢着阳光般的微笑，因为他知道一个爱笑的人运气绝不会太差；

他真诚、率真，做人做事不会藏着掖着；

他尽职尽责，是自己分内的事一定会努力做好；

他积极向上，懂得争取自己想要的东西，但不会嫉妒他人；

他内心充满爱，愿意帮助周围需要帮助的人；

他孝顺父母，闲来时，他愿意偎依在父母身边享受家庭时光；

他有着较高的修养，即使遇到恶意中伤自己的人，他也会以微笑回应；

……

当然，一个优秀的人应该具备的性格远不止这些。可以说，好性格是孩子获得幸福人生的积极推动力，然而，可能你说，“江山易改，本性难移”，人的性格是天生的，后天很难改变，诚然，每个人的性格与气质自从出生时就可能不尽相同，但后天的培养与修炼也至关重要，只要父母选择正确的引导和教育方法，也可以让孩子拥有良好的性格。儿童心理学家认为，孩子3~6岁期间是性格形成的关键时期，这个时间段锻造孩子的好性格，这一时期的影响将贯穿孩子的一生。

那么，该如何培养孩子的好性格呢?

首先需要了解孩子的性格类型或性格倾向，为此，儿童心理学家将性格分为四大类，分别是：表现型、思考型、领导型和亲切型。这四种性格不分好坏，各有优势，也各有不足之处。孩子性格无论好坏，父母要鼓励孩子发扬性格中好的部分，对其缺陷和不足部分要进行干预、引导，从而帮助孩子塑造更加优秀的性格。

此时，你可能需要一本指导用书，而本书就是从心理学角度入手，帮助父母从如何认识和看透孩子性格类型以及性格倾向入手，并结合具体的教育案例，帮助父母打造性格好的孩子，相信对孩子的家庭教育有一定的指导意义。

编著者

2018年5月

目　录

Contents

第1章

懂点性格心理学，了解孩子是什么性格

父母都渴望孩子健康成长，那么我们该如何正确地培养孩子呢？对此，儿童心理学家建议，孩子有不同的性格类型，可分为表现型、指导型、思考型和亲切型，并且，孩子的性格类型在其童年早期就已形成，不同性格的孩子要采用不同的教育方式。针对这一问题，接下来，我们不妨走入孩子多彩的心灵世界。

孩子性格大不同，走进孩子的彩色心灵世界

儿童心理学家认为，孩子在童年早期就已经初步形成性格，可能是内向的，也可能是外向的。性格从小的时候就在孩子的身上发挥着作用，而且自始至终贯穿着整个生命，决定着他们的思维模式和行为模式。

父母在生活中也不免将孩子与别的孩子相比较。如果孩子太调皮，父母一定会羡慕别人的孩子乖巧，并且希望自己的孩子也能那样安静和易于管教。但专家说，对不同的孩子有相同的期望是错误的。因为每个孩子都有与生俱来的个性，而每种个性都有着成功的可能，关键在于父母如何发掘和引导孩子的个性。那么，你是否了解自己孩子的个性？你是否能够发掘出孩子内心最大的潜能？

对此，不妨先来看看下面父母们的陈述。

“我儿子今年4岁，跟他一起生活就像是养了只充满活力的兔子。每天带他都觉得筋疲力尽，但他永不知疲倦，真是让人头疼，我感觉我一个人已经没办法应付了。”

“我儿子8岁，他非常害羞，如果贸然地带他去一个有很多陌生人的地方，他会躲在妈妈身后不敢进去。不管去哪儿，去之前都要告诉他去

哪儿，都有谁，可以和谁玩。”

“我儿子凯凯野性十足，他今年6岁，无论是溜冰还是刷牙，都会使出浑身的精力来折腾，说他是匹脱缰野马真是再合适不过了。而他5岁的表弟豆豆却是个乖巧敏感的孩子。经常一个人专注地玩填词游戏或者静静地坐在妈妈腿上。我一直认为自己很了解儿子，可是有一天，凯凯突然大声对我喊道：‘你不如豆豆妈妈爱他一样爱我！’这时，我才发现，两个孩子的世界并不像想象的那么简单。”

“我女儿彤彤7岁，对她来说，考试中得高分是件非常容易的事。但我却很是头疼，因为对什么事，她都漫不经心，临时应付，从来不做认真对待。我最担心的是，她这种自由散漫的个性是受她的朋友们的影响。她非常在意朋友们的想法。虽然她是一个非常聪明的孩子，但我发现她什么都无所谓的态度，导致她不能对自己的所作所为进行认真思考。”

从父母们的陈述中，我们看到了孩子的多种性格，孩子的心灵世界也是丰富多彩的，并不是我们想的那么简单，而父母更要了解孩子的性格特点，理解孩子与其他孩子之间的特殊差异，使孩子性格中的优点得到发扬，弱点得到克服，以促进孩子与父母及同龄孩子关系的融洽。

《圣经》里面有这样的一段话：要按照一个孩子应该走的道路去养育他，这样当他长大成人时才不会偏离他的本性。从大的方向来说，每个人应该走的道路是一样的。例如，父母都想让孩子学业优秀、善良、勇敢。但是不同孩子生活在不同的家庭，有着不同的性格，接受着不同的教育，走着不同的路。所以要按照一个孩子应该走的道路去养育他，那什么才是他应该走的道路呢？其中一个很重要的因素就是性格，某种程度上性格决定了一个人应该做的和最适合做的。

《圣经》上还有这样一句话，是对父母说的：请调整你对孩子的养育方式，使他适应孩子天生的发展模式，这样当他逐渐成熟时就不会背离他天生的生命模式。这个天生的生命模式里最主要的，就是指性格因素。

尽管孩子各有性格，但父母应该明白，不管哪种类型的孩子，都要因势利导。因为每种类型的孩子都有成功的可能，关键看如何发掘和引导孩子身上的这种特质和潜能。成功是没有固定模式的，父母要做的就是引导孩子用自己的方式做到最成功。

除此之外，父母要为孩子营造好的家庭成长环境，因为儿童性格形成是通过孩子在家庭中的地位、家庭成员之间的关系和父母采取的养育方法实现的。父母的态度对孩子的性格有相当大的影响。如果父母诚实朴素，则孩子不会说谎话，也不会浪费食物；如果父母的私心很重，孩子也容易形成利己主义；如果孩子经常受到父母的训斥、打骂，则容易形成怯懦、抑郁和执拗的性格特点，在行为上变得不诚实、冷酷和残忍；如果父母对孩子溺爱和过分夸奖，容易使孩子形成任性、骄傲、利己的性格特点。

孩子性格类型有哪些

前面，我们已经分析，不同的孩子有不同的个性特征，心理学专家根据孩子不同的气质表现，将他们的性格分为四大类，分别是表现型、思考型、指导型和亲切型。下面分享的是孩子的这几种性格表现是什么，以及不同的性格类型有哪些个性特征。

1.表现型

天天今年6岁半，是个可爱的小男孩，平时倒是乖巧，但只要家里来了客人，就变成了一个“人来疯”。

一天，天天妈妈单位一个下属来问询工作的事，天天本来在房间做作业，一听到有客人来，马上就开始“表演”：一会儿为客人端茶倒水，一会儿开电视，一会儿表演自己喜欢的动画片，一会儿在沙发上上蹿下跳，一会儿又去房间拿玩具，看见客人与自己说话，更得势了起来，一会儿扮鬼脸，一会儿缠着客人跟自己玩游戏……

天天这样，天天妈妈虽然提醒过，但好像根本不起作用……

这里，天天就是一个典型的表现型性格的孩子，这类孩子天生很重视外表，极爱说话，语速快、热情大方，同情心很强，很能为人着想，这类孩子对什么事都保持热情，很难老老实实去做一件事，也难把精力集中在一个指定的任务上。

2.思考型

妞妞是个很听话的孩子，今年5岁，上幼儿园大班，她无论是在家里还是上学，总是安安静静的，不吵不闹，也不跟人吵架捣蛋。她喜欢凡事按照老师和父母叮嘱的去做。例如，老师让大家做一个手工，如果是需要六个步骤的话，妞妞绝对不会投机取巧用五步来完成。如果妈妈给了妞妞10元，叫她一次只花5元，她是不会一次全部花完的。

妞妞虽然听话，但并不是没有主见，相反，她喜欢思考，所以，她的学习和生活都井井有条，虽然只有5岁，但是她已经学会了自己收拾书包、房间，书本也不会乱放，这一点，大人们都夸赞。

妞妞就是典型的思考型孩子，他们的优点是遇事沉着冷静、严谨细腻、做事从一而终，对待这类型的孩子只要给他一个清楚的目标，告诉他怎么做，他就会自动调整好速度，完成任务。但同时又有些敏感、情绪化，做什么事都比人慢半拍，他们还很害怕与人发生冲突，说话总是欲言又止。有时与人意见相左，只要看到人家脸色一变，他就马上把话吞回去，不敢讲出来。

3.指导型

这天，多多妈妈邀请了和女儿差不多大的一些邻居小朋友来家里玩，她则和大人们喝茶聊天，可是不到一会儿，客厅就传来了孩子的哭声。

他们连忙赶过去，原来是多多打了邻居家的儿子，事情经过是这样的：多多邀请大家跟她一起玩游戏，而她要当公主，但是这个男孩不同意，他要当王子，而这个游戏里只能有一个主人公，所以两人就打起来了。

这里的多多就是指导型的孩子，这类孩子多半拥有领袖气质，他平时走路或说话，一定是抬头挺胸、咄咄逼人的样子，这种人不管在哪里，都会有一群追随者，唯他马首是瞻。这种领袖气质是天生的。

对这类型的孩子不要用权威去压制他，要以朋友的角度与他谈话，这样才能减轻他的叛逆性。

4.亲切型

倩倩是个胆小害羞的孩子，动不动就哭鼻子。她晚上不敢一个人去卫生间，看见地上的虫子也会哭。

在幼儿园的操场上，有个滑梯，一到下课时间，大家都争先恐后地玩滑梯，可是倩倩就坐在旁边，不敢过去。

马上就要上小学了，妈妈想着应该让倩倩一个人睡觉，可是无论妈妈怎么劝，倩倩就是不肯，妈妈想着法子哄倩倩睡着了，然后离开。

半夜，妈妈被倩倩的哭声惊醒了，原来是倩倩发现妈妈不在身边而害怕，吓哭了，看到倩倩这样胆小，妈妈真的很无奈。

这里，倩倩就是亲切型孩子，这类孩子，随和、善良乖巧、很少和人争吵，但也胆小怕事，常常被喜欢惹事生非的小伙伴“欺负”。

其实，不管是什么类型的孩子，父母如果能提升自己的洞察力，发掘孩子的天赋与特长，那么再难教的孩子也可以在家长帮助下得到改善。关键在于发现孩子的优点，并发挥孩子的优点，让孩子的优点掩盖他的缺点。

孩子性格形成于童年早期

美国遗传学家摩尔根在给儿子的一封信中这样写道：“你应该有这样的志向：世界上没有任何东西可以引诱你去做一个人所不应该做的事，坚决不要为了金钱而放弃你的人格与自尊，去为他人做种种不正当的工作！不管将来从事何种职业，你应该尊重你的人格，保持你的操守。”

无论身处顺境或逆境，好的性格会让孩子坦然面对生活，并不懈努力；而不良性格则会让孩子走弯路，受挫折，甚至一辈子碌碌无为，那么孩子的性格是天生的还是后天形成的呢？又是何时形成的呢？

儿童心理学家认为，人的性格不是一朝一夕形成的，那么，什么时候开始形成不同的性格呢？研究人员表示，六七岁可预测成年后行为，人的性格主要形成于童年早期。此时塑造他们好的性格和气质，是家长的首要任务。

在中国，有这样一句古话:“三岁看大，七岁看老。”这句话是有一定根据的。

曾有这样一项研究，研究方是美国加利福尼亚大学里弗赛德分校、俄勒冈大学和俄勒冈研究所的研究人员。研究的对象是20世纪60年代夏威夷州大约2400名不同种族的一至六年级小学生，在这一调查中，这些孩子的老师根据他们在日常生活中的表现进行打分，进而对他们的性格做出一个评价。时隔40年，研究人员找来了其中的144名学生，对他们进行深层次调查，并给研究对象接受调查时的情况录像。

研究人员主要对比四项性格特征：是否健谈，又称语言流利度；适应性，即能否很好地适应新情况；是否易冲动、感情用事；自我贬低程度，主要看是否弱化自身的重要特质。

通过对比，研究人员发现： 40年前被老师认为健谈的学生，成年后依然有善于动脑、语言流利且喜欢掌控全局的智慧；反之，曾被认为不健谈的学生，成年后表现为能动性差、缺乏主见、遇事容易放弃、人际关系不如意等。

40年前被老师认为适应性强的学生，成年后乐观开朗，善于动脑，讲话流利；适应性打分低的孩子，成年后态度消极，缺少主见，不善于处理人际关系。

40年前被认为易冲动的学生，成年后倾向于大声说话，兴趣广泛，健谈；不易冲动的孩子，成年后多表现得胆小害羞，与人保持一定距离，缺乏安全感。

40年前被认为自我贬低度高的学生，成年后易内疚，喜欢寻求安慰，爱讲自己的消极面，爱表达不安全感；自我贬低程度低的孩子，成年后倾向于爱大声说话，善于动脑，表现出优越感。

研究报告的主要作者加州大学里弗赛德分校博士生克里斯托弗·内夫说，研究结论令人吃惊。“我们仍可辨认为同一个人”，他说，“这正好说明了了解性格的重要性，因为它可以跨越时间和环境，追随你一生。”

先前研究显示，虽然人的性格可以改变，但这并不容易。内夫说:“生活中发生的事件仍对人的行为构成影响，但我们必须承认未来行为中性格所起的作用。”

从这一调查研究中，可以看出，童年早期的烙印对一个人的一生都具有持久深远的意义，不论是对童年、青年还是中年都是如此。等一个孩子长成了青年，再要他改变自己性格的许多方面，那将是非常困难的。虽然在关爱他的人们的努力帮助下，他仍有可能改变自己性格的某些方面，但那需要时间，需要他本人和他周围的环境的努力。

因此，童年早期正是人一生中培养真正的人性品质、态度和行为的阶段。在此期间，人要培养积极的情感和态度，建立良好的人际关系，学会分辨好坏，培育良知，懂得善良与公正。

孩子的性格多数是由家庭来建立的，父母不要错误地以为孩子的性格是天生的，还有，也不要错误地认为孩子的性格是由学校、老师来培养的。家庭对孩子的性格影响是十分大的，父母如果想要一个性格好的孩子，就得从各个细微处入手。

家庭环境对孩子的性格形成极为重要

每个人从呱呱坠地开始，就归属于一个家庭，家庭也为我们的性格打上了最初的烙印，这是人出生后最初的教育场所。父母的性格、教育方式、教育观念，在家庭中所处的位置以及所扮演的角色等对一个人性格的最终形成有非常重要的影响。从这个意义上说，家庭是制造性格的工厂。

小雨原本出生在一个富足的生意人家庭，父亲经营着一家规模相当大的公司，母亲是一位钢琴家，小雨从小酷爱钢琴，也许这是母亲的遗传基因。但小雨10岁那年，父亲不幸车祸去世，祸不单行，父亲留下的财产也被生意对手用奸计抢走，流落街头的母女被一个铁匠收养，为了孩子有个家，小雨的母亲不得不嫁给了铁匠，可是因为铁匠的名声很差，所以生意也很差，没有经济保障，小雨对钢琴的爱好即将化为灰烬。

母亲拼尽全力去抚养小雨，她希望能给小雨最好的教育，还送女儿去学习钢琴，小雨非常喜欢弹琴。可是继父总会出言讥讽她，说女孩学这些都是白花钱，没有任何意义。但因为母亲一直争取，所以也就勉强允许小雨去上课。

铁匠的牢骚越来越多，他的手艺也越来越不受欢迎，生活每况愈下，他也就更多地沉浸在酒海之中，每当他在外面受委屈，小雨和母亲就成了他的出气筒。后来为满足自己喝酒的欲望，他断了小雨的抚养费，让年仅10岁的小雨自己出去赚钱，母亲心疼小雨，就拼命在外面做苦工，好让小雨可以重回课堂。而小雨却变得越来越忧郁，她不愿意看到母亲受苦，自己也去帮亲戚做活赚点生活费。她受尽亲戚的欺凌和侮辱，再加上看不惯继父的做派，小雨真的希望自己能变成一个男孩，这样就能承担起家庭的重担，而后来小雨喜欢上打架，为自己的尊严，她选择使用拳头解决问题，她忘记了自己女孩的身份，有一次，继父酒后牢骚时，压抑许久的小雨拍着桌子大骂起继父来，她的这一举动让母亲和继父目瞪口呆……

实在无法想象，一个有着艺术细胞的女孩怎么会有如此过激的行为，她的生命蓝图已经脱离原来的轨道，而这一切发生的原因，可以归结为她的生存环境，假如小雨还是当初那个不必为生活担忧的少女，或许她已经在艺术的道路上有所成就了。所以说，给孩子一个良好的成长环境是让孩子健康成长的关键。瑞典教育家爱伦·凯指出：环境对人的成长非常重要，良好的环境是孩子形成正确思想和优秀人格的基础。这个故事也充分说明了家庭环境对人的性格形成影响之大。

生活中，每个人都像一只小船，只有家庭，才是我们的港湾，它能给我们带来安全感。每一个孩子，也需要这样一个温馨、和谐的家，只有在这样的家庭环境下，孩子才会感觉到轻松、安全，使孩子心情舒畅、情绪稳定，有利于孩子形成良好性格。因此，从这一点看，父母也都应该以快乐的情绪生活，并为孩子建立一个温馨和睦的家庭氛围。

父母需要给孩子提供一个舒适的生长环境。父母们要记住：所有孩子的优秀品行都不是从天上掉下来的，而是在环境条件中培养出来的。孩子在出生之后，就要尽可能地为他营造一个安静祥和的成长环境，使他从小对生活充满了无限的积极幻想，这样，他在长大成人之后，才能更有品位地生活。

曾经有专家对一批婴幼儿进行跟踪调查，调查表明，那些生长于和谐、温馨的家庭氛围的儿童，有这样一些优点：活泼开朗、大方、勤奋好学、求知欲强、智力发展水平高、有开拓进取精神、思想活跃、合作友善、富于同情心。

而另外有一项调查，少管所中，不少孩子是由于父母不和，家中经常吵架，甚至离异，家长全然无视孩子的教育，这些严重影响了孩子的身心健康发展，致使孩子走上邪路。

家庭成员间的关系如何，会对孩子在以下两个方面产生影响。

那些幸福、温馨的家庭中，成员之间是互相信任的，在这样的环境中成长，孩子终日耳闻目睹，它的感染力是巨大的，潜移默化地使孩子学会了热情、诚实、善良、正直、关心他人等优良性格品质。

另外，在这样的家庭环境中，成员之间是互相爱护的，对于孩子，他们也是疼爱有加的，因此，除了自己的学习和工作外，有更多的精力关心孩子，有利于孩子的智力开发、知识经验的积累以及能力的提高，为入学后的学习打好基础。

孩子犹如一株嫩苗，在一个和谐的家庭中才能健康地成长。为了孩子，也为了全家的幸福，父母也应该随时保持好心情，从而为孩子创造一个良好的成长环境。

总之，良好的家庭情感、和谐的家庭气氛可以给孩子良好的影响，每一位家长都应从孩子形成优良的个性品质、健康发育成长的责任出发，重视营造一个温馨和睦的家庭环境，以利于孩子成长。

面对表现型孩子，父母如何教养

林先生有一对双胞胎儿子——大林和小林，在学校，老师和同学们也是这么称呼他们的，大林是典型的思考型孩子，他安静、思维缜密、学习成绩好，老师很喜欢。让老师和林先生头疼的是小林，小林也很聪明，成绩也不错，但总是达不到满分，因为他太粗心了，每次都是这里错一点，那里错一点。

学校老师也对林先生反映说小林在上课时经常不认真听讲，还打扰别人、爱插嘴，这让林先生也很苦恼。

这天课堂上，老师提了一个问题，希望大家踊跃发言，这时，小林把手举得最高，还来回摇晃，老师已经看到了小林举手，但是老师希望把发言的机会让给其他内向的学生，而且，小林回答问题经常是马马虎虎的。老师不叫他，他还不停地喊："我知道！"老师没办法了，就叫他起来回答，老师还提醒他这个问题要从两个方面来回答。小林大声地说完以后，立即坐下，他心想，老师应该表扬他了，但是周围的同学都在笑他，他不解地问："你们笑我干什么？"邻桌说："老师说了，分两个方面回答，你才回答了一个方面怎么就坐下了？"小林嘟囔着说："那……那我就想起来了一个方面。"老师哭笑不得："两个方面你才回答出一个方面，你就敢把手举成这样！"

这里，小林就是典型的表现型性格孩子，生活中，这类性格的孩子是非常好辨认的。通常情况下，他们小的时候在学校和幼儿园经常被误认为是多动症患者。他们坐不住，像屁股上有钉子一样。这类性格的孩子听老师讲课，只要听会了他们立刻就开始玩去了，而不像思考型性格的孩子听会了，还会继续听老师讲。这是他们的性格使然，只要听会了他们就想动起来。

那么，表现型性格的孩子该怎么样来养育?

1.要经常表扬他们的长处

对于这类性格的孩子来说，要经常表扬他的长处，并且最好是人多的时候表扬。孩子年龄越小越感性，你要是不说出来，他们是不会知道的。

2.要让这类性格的孩子感受到爱

这类性格的孩子是感受型的，如果你想要他们感受到你的爱，还要经常去搂一搂他们、抱一抱他们，拍一拍他们的小脸，握握他们的手。

3.对这类性格的孩子要求不要太严格

不要老是跟比他们表现好的孩子做比较，常跟那些不如他们做得好的孩子比比，他们反而越干越好。表现型性格的孩子十分粗线条，特别不善于整齐划一、把环境搞得井井有条。如果在这个问题上对他们要求特别高，超出他们的能力，他们会非常痛苦的。父母可以从小就去培养他们好的习惯，但要求不要太高。比方说，书包是不是整齐，被子是不是叠好。

4.要给这类性格的孩子安排足够的娱乐时间和空间

表现型性格的孩子认为人生就是游戏，游戏就是人生；他们善于把很枯燥的事变成游戏来做，能把复杂的事情简单化，娱乐化。所以给孩子充分的娱乐时间和空间，有利于发挥他们的特长。

5.一定要经常检查这类性格孩子做事的进度

这类性格的孩子玩性太大，干正事的时候，很难长时间坚持，所以需要不断地提醒他们：作业写完了没有？还有多少？他们容易边写边玩。忘性最大的是表现型性格的孩子。

父母都希望孩子能改掉缺点。对于表现型性格的孩子来说，要想让他们改正缺点有一个简单且容易办到的方法，就是表扬他们。如果他们写作业很潦草，你可以说："我觉得你今天的作业比以前工整了一些啊。"其实一点儿都没工整，但千万不要责备他。这样你会惊奇地发现，接下来的一段时间里，他的作业写得越来越好。这时候，你还可以接着说："谁说我儿子作业不工整？瞧瞧比以前工整多了，写得太好了！表现型性格的孩子就是这样，只要你表扬他们，他们一定是跟着表扬走的。我们经常说赏识教育，表现型性格的孩子是最适合赏识教育的。"

面对指导型孩子，家长如何教养

日常生活中，指导型的性格特征很明显，假如孩子总是提要求，喜欢折腾、一刻也不闲着，那么，他就是这一性格类型，不少家长都称，带这类性格的儿童是最累的。他们脾气倔强，自己想不通的事别人很难说服，自己认定要达成的目标，九头牛也拉不回来。他们从小就非常有主见，心里总是很有数，通常大人说，这个孩子教育好能成为一个很好的人，教育不好也可能成为很坏的人，因为他的胆子很大，天不怕地不怕，从小就是振臂一挥而应者云集的孩子王。

那么，家长该如何教养这一类孩子呢？对此，儿童心理学家给了以下几个方面的建议。

1.适当给孩子一些自主权，让他们明确自己的职责

这类孩子很不好带，一不留神就无法控制了，所以，最好让他“忙”起来，无论是在公共场合还是在家里，都可以给他一些事做，只要有事在忙，他就能安静下来。

所以，带孩子出去的时候，最好一直要牵着手，边走边说着话，让他来决定一些事情。

例如，我们可以这样引导孩子：“我们买哪个好呀？我们一起来挑选好不好。今天买东西你要当妈妈的小助手，你来帮妈妈挑选好不好？”这样，让孩子来做一些无大碍的决定，不影响家长的原则，同时还让指导型性格的孩子很有成就感。

“我们今天要送奶奶一件衣服，你说要买手绢，买哪个颜色好啊？你快来帮助妈妈！”

“那买蓝色。”

“为什么买蓝色啊？”

……

总之，你别让他闲着……因为指导型孩子思维活跃，敢作敢为，所以，如果采取放任的方式，他们什么都不怕，什么祸都敢闯。虽然不是对所有的孩子都要严加管教，但对于指导型性格的孩子来说，适当的严格教育是必要的。

2.约定规则，并且严格执行

这类孩子小时候很难带，这大概是很多父母的心声，以最简单的购物来说，只要他在场，他会不断地提要求：妈妈我们去这儿吧；妈妈我要那个东西；妈妈快来；妈妈我们干这个吧……妈妈会非常非常的累，

他的精力是最旺盛的。

如果在超市妈妈这样做就遭了：一看他又哭又闹，那好吧，那我妥协一下。

“买两样行吗？”

“不行不行！”他看到家长妥协了，就更变本加厉了。

“那妈妈告诉你，最多只能买三样，要不然我就走了！”

此时，一些家长认为，孩子好不容易答应只买三个了，已经很不错了，但其实，暂时的息事宁人已经埋下了可怕的后果，恐怕以后再带孩子购物，他还会故技重演。

所以，一些儿童心理学家认为指导型孩子会欺负大人一点儿也不为过。如果你没原则又容易妥协，他一定会“欺负”你的。因为这类性格本身就是强势的，而一旦大人妥协，他一定会趁机把你变成弱者，以后再想教育和引导他就更难了。

对于这一情况，其实家长不妨建立规则，如每次只能买一个玩具，任何违反规则的借口都不被允许，如果孩子吵闹，带着孩子赶紧离开现场，他也无能为力。

3.在他们小时候，就要学会依靠他们

不少父母表示难以理解这一点，因为通常来讲，只有孩子依靠父母，而很少说去依靠孩子，尤其是低龄儿童。但是对于指导型性格的孩子来说，从小你就要给他们一种被依赖的感觉，因为这一性格的人从骨子里来说，是顶天立地的，是强有力的，是勇敢的，是好强的，是高大的。

这个时候你要让他们感觉到你依赖他们，你需要他们，这样，孩子就会力争有更好的表现，就会更加努力。

而其实，能量大也是这一性格的孩子的最大优点，不少父母发现，这一类型的孩子在长大后更孝顺，也更能扛起家庭的担子，而他们自己也更享受被父母和家人依赖的感觉。

4.要给孩子一定的情绪空间

这一类型性格的孩子通常脾气都不好，低龄时期，他们会选择哭闹来表达自己的情绪，对此，家长一定要给他们情绪空间，允许他们发脾气。当他们发脾气的时候家长不要着急，不要焦虑，让他们发脾气，因为那是他们的需要，是自我发泄情绪的一种方法。

例如，他因为得不到第二件甚至更多的玩具而想哭时，好，领着他出去，但是领出去不是暴揍一顿，而是蹲下来继续告诉他。

“今天这个玩具是一定不可以多买的，只能买一样，待会儿我们还回去。”

“不行，我就要！妈妈，那些玩具都很好！”

妈妈要继续坚持原则，只同意买一样。指导型性格的孩子就会又哭又闹，他哭的时候家长要给他情绪空间，默默地、专注地看着他哭，甚至嘴角可以带一点儿微笑。

专注地看着他哭，这个表情是在告诉他：儿子，你哭吧，我知道你需要用哭来发泄一下，我给你时间，尽情地哭吧。他哇哇大哭完了，你还要坚持告诉他。

“我们可以再去超市买玩具，但还是原来的规定，只能买一样，好吗？”

这个案例最重要的一点就是按照规则行事，这样的解决办法既没有伤害孩子，家长也没有生气，还为以后的教育铺平了道路。主要依据的是孩子的性格特点，迎合他们的性格特点，就这么简单。

在日常生活中家长要帮助他们放慢节奏，他们的节奏太快了，从小就会比别人快，甚至会比大人快，要有意识地让他们知道，人有的时候是可以慢下来的。慢下来的时候思考会更全面、更稳妥，所以让他们遇到每件事的时候不要急于做决定。他快你就有意识地慢，像刚才这个案例中的妈妈一样，一定要慢下来，孩子反而没辙了。这样，目的就达到了。

面对思考型孩子，家长如何教养

以下是一位妈妈的日记。

今天过节我带着孩子去了亲戚家。

下午一家人聚在一起，分组玩翻板子游戏，唯独我的孩子不见人影。

原来他在房间的一个小角落里看书，难得来一次爷爷家，他却不合群……

孩子10岁了，平时就喜欢自娱自乐，读书或者玩电子游戏时，更是全神贯注。小时候，如果有人在他身旁让他别玩了，他就烦得不得了。

孩子常常沉默寡言，我也不知道他心里在想什么，这时我心里也很憋闷，不免唠叨几句。

我也常说他，出去和其他孩子一起玩玩多好。

在学校，他虽然也有几位要好的朋友，但是很不喜欢集体活动。

不久前，学校里实行“一日班长制”，我的孩子不喜欢出风头，迫不得已才当了一回班长。

不过，他早晨从不迟到，总能按时上学，仔细想想，大概他是不想在老师和同学面前显眼才如此吧。

孩子学习还算不错，思维能力也强。最近对宇宙和不明飞行物很感兴趣。他如果对某一领域好奇，就会去图书馆，或者上网搜索，总之一定要找到相关的资料，收集很多照片，有一次我看了看，其中还有不少很专业的。

他平时不言不语，但是一谈起这样的话题，就眼睛一亮，说起来滔滔不绝。

其实孩子除了性格有点儿内向敏感之外，也没什么别的问题。该做的事情他也心里有数。

但是让我担心的是，将来长大了他可能会在处理人际关系上遇到困难。

这里，这位妈妈描述的孩子就是思考型孩子，这类孩子喜欢观察思考。思考型孩子好奇心强，求知欲旺盛，想要理解一切，往往三思而后行。有思想，喜欢读书，就像小问号一样经常对老师或父母提问。

思考型孩子观察事物时比其他孩子细心，常能发现别人看不到的东西，相对于抽象的事物，他们对具体的事物理解得更透彻，洞察力强。他们聪明伶俐，持之以恒，富有创造性。

思考型孩子惧怕意想不到的状况，在任何情况下都是先思后行。他们一般事前收集相关信息，对情况大体了解之后，才会发表自己的意见，看起来老成持重又有几分消极。

思考型孩子不是没有成功欲望，但是运动神经迟钝，言行总跟不上思想的节奏。在别人眼里他们知识渊博，但他们仍觉得自己有欠缺，所以，总是行动迟缓。久而久之形成不愿行动的习惯，有时他们甚至将思想与行动混为一谈。

思考型孩子喜欢收集自己感兴趣领域的知识和信息，如书和照片等。他们不但吝惜物品，甚至吝惜时间和语言，让人觉得像个小气鬼。事实上，这样的孩子在内心仿佛有一块不毛之地，他们惧怕这种空虚感。所以，什么东西他们都想好好珍藏，不轻易给别人。

当他们认为自己已拥有足够的知识时，就会有安全感，尤其对不为人知的幻想、秘密及其他神秘的事情很有兴趣。

那么，我们该如何教养思考型孩子呢？

1.做父母的要粗线条一点儿

父母对此类性格的孩子要粗线条点，此类性格的孩子本身就对自己要求很高、很严，本来就是一个活得很累的人，父母对他们高标准会加重他们的累。累过头了，就会形成焦虑。对于孩子性格的敏感、细腻就是要粗线条地对待，使之更加大气，让他们多去看看周围的人，或者多看看外面的世界，尽量别给他们钻牛角尖的机会。

2.千万不可以用愤怒对待他们

对思考型性格的孩子大声说话很容易让他们感觉到是在挨批评，他们脸皮很薄，也许瞪一眼就会哭。这类性格的孩子是很敏感的，也懂得保护自己，你伤害他们一次，他们绝对不给机会伤害第二次。

3.表扬孩子

所有的孩子都需要受到肯定，思考型性格的孩子尤其需要，对此类性格的孩子表扬应该是温和的，不是大张旗鼓的，因为他们很害羞，还有很重要的一点，如果能够表扬到细节的部分，那是此类性格的孩子最喜欢的，因为他们很关注细节，所以他们特别希望你能看到细节的部分。

4.要引导思考型孩子表达自己

大人要主动地、耐心地关照他们、走近他们。这类性格的孩子有一个特点，如果大人给他们很大的安全感，他们也是很愿意表达的。

沟通是一种习惯，习惯是培养起来的。对于内向性格的孩子更要注重从小就不断跟他们说话，找更多的机会让他们说话，鼓励他们多参加班集体活动，参加班干部竞选，参加演讲训练班，等等。有的父母不懂得到这一点，给孩子报体育类、乐器类的班，这些班的内容都是练得多、说得少，不利于孩子们的语言发展需要，常常是孩子的这些方面技能成就不小，但却不会表达自己。大人应该意识到这一点，弥补这个缺点，更加注重他们的语言表达。

5.不要催促孩子做决定

内向的人是被动型的，他的节奏会稍慢一点儿，所以他要想做决定，一定是想清楚了、想完整了、想得完美了他才会说出来。大人在帮助他解决问题的过程中，不管多着急，也不要催他，因为催他也是没有用的。

面对亲切型孩子，家长如何教养

天天是一个5岁的小男孩，乖巧听话，爸爸妈妈带起来倒是很省心，但天天似乎做什么都比别人慢半拍，这不，周末这天，妈妈去姥姥家了，把天天交给爸爸带一天。爸爸决定带天天去游乐场玩，这可把天天乐坏了。

很快，爸爸收拾好了，准备出发，他来到天天房间，简直惊呆了：“天哪，你怎么把地上搞得这么乱？！你要干嘛？我烦死你了！我跟你说啊，今天你妈妈不在家，就咱们两个人，你可别给我找那么多麻烦事！别让我天天跟在你屁股后面收拾。赶快收拾干净！赶快收！赶快收拾啊！”

爸爸继续嘱咐：“我跟你说，今天周末，游乐场人很多，你再不快点，到时候就排不上队了！”

爸爸这样说让天天很不开心，不管他做什么，似乎爸爸妈妈都在催，搞得最后什么都没做好。

这里，天天就是个亲切型性格的孩子，这类性格的孩子是最内向、最不愿意说话的，很多时候他们没有说的欲望，但心里很明白。他们跟别的孩子一样聪明。他们大部分时间是只看不说，观察力是最棒的，是哑巴吃饺子——心里有数。

儿童心理学家建议，我们面对这类孩子时，需要记住以下几点。

1.不可以同时下达好几个指令

无论什么性格，对于小孩子来说，本身就不应该一次性下太多的指令，孩子会无所适从，一旦他们感觉到完成这些任务太难了，第一选择就是放弃或者逃避。而对于这一性格类型的孩子，就更不能一次性下若干指令，因为这一性格类型的孩子的行为本来就比较慢，一次下达太多的指令会让孩子感到任务不可能完成，同时，下指令时的语速不要太快。

2.第一次叫这一类型性格的孩子做事时，一定要手把手地教

有很多这一性格类型的孩子不太愿意“动”，他们动手的速度要比其他的孩子稍微慢一些，能力稍微弱一点。所以，这就需要大人在第一次教他们做事情时，一定要尽量手把手地教。而且通常这一性格的孩子是天生的好脾气，他们做什么事情给人的感觉都是漫不经心的，为了克服他们的漫不经心，就要抓他们的手过来告诉他们手绢怎么洗、毛笔字怎么写，一定得握着他们的手让他们找到“动”的感觉。

3.不要说亲切型性格的孩子磨蹭

亲切型性格的人一生当中听到最多的两个字就是“磨蹭”，经常被别人埋怨太慢了、太磨蹭了！这两个字让他们一辈子都深受其害。所以，如果孩子是这一类型的性格，就请在你的字典里把“磨蹭”两个字删除。完全可以用这样的话来代替磨蹭，如宝宝再快一些可以吗？妈妈在等你，我知道你一定还可以再快一些的！

4.要经常鼓励他们表达自己的想法

这类性格的孩子不喜形于色，所以很难知道他们是怎么想的，他们的脸上经常是没有什么表情的。所以，一定要经常鼓励他们表达自己的想法。如果不了解他们，就不知道该关照哪些地方，哪些地方又是特别需要帮助的。

其实生活中，很多亲切型性格的孩子心里已经有了主意，但是他们不希望父母发号施令，所以他们会选择对抗。

例如，面对这类性格的孩子把玩具丢得到处都是，家长可以首先鼓励孩子表达他的内心想法：“宝宝，满地的玩具，你是在干什么呀？”孩子就会去表达，也许孩子还不能完整地表达他的想法，家长可以用若

干问题，启发他来完成。如果问话不到位，直接发号施令，就会迫使孩子对抗。其实，孩子心里已经有决定了，只是不说出来而已，他不会跟别人直接对抗，但他还是会按照自己的决定做。呵斥孩子，孩子依然不会听你的，如果我们能及时鼓励孩子表达自己的想法，了解孩子的想法，事情也许就不会那么糟糕了。

第 2 章

培养心术正的孩子，打造孩子的光明前途

自古以来，中华民族都注重品德修养，一个刚正不阿、诚实守信的人必当受到他人的尊敬。心理学家威廉·詹姆士说过：“播下一个行动，收获一种习惯；播下一种习惯，收获一种性格；播下一种性格，收获一种命运。”父母一定要把打造孩子良好的品质作为他们人生性格修炼的第一要务。一个人只有做到心术正，才会有光明的前途，才能成为最后的赢家。而对于孩子在日常生活中出现的一些“偏差”行为，父母要通过孩子表面的行为去分析其背后的心理，要了解孩子成长的特点和心理特征，只有这样，才能从根本上疏导孩子在成长中遇到的问题，才能引导孩子身心健康地成长！

告诉孩子欲做事、先做人

世事洞明皆学问，人情练达即文章。决定一个人能否成功的要素是多方面的，除了知识和能力以外，良好的做人与做事习惯也起着关键性的作用。良好的习惯能帮助一个人迅速地融入团体，最大化地发挥自身能力，借助团队的力量，从而更加容易地实现自己的目标和抱负。这就是欲做事、先做人的道理。

因此，家长应该从小培养孩子良好的做人和做事习惯：真诚待人，认真负责地履行对他人的承诺，拒绝做冷漠、自私、不会与人交往的小公主、小王子；让孩子学会做人，再学会做事，培养出一个做事有条有理、讲求效率、善于合作的孩子，不让拖沓低效的做事习惯成为孩子成长道路上的绊脚石，这样就能帮助孩子播种良好的习惯和品质，收获美好未来。

孩子要想适应社会需要，必须与时俱进，就必须学会做人。作为21世纪的家长，要想教育好自己的孩子，必须树立正确的教育观念，掌握科学的教育方法。那么，家长到底该怎样培养出孩子会做人这一品质呢？最重要的就是身教。

1.不要以成人的做人标准教育孩子

家是孩子的第一所学校，良好的家庭环境对孩子起着重要的作用，良好的家庭环境并不是指家庭经济的富有，而是指家长为子女提供良好的教育环境。父母是孩子的第一任教师，父母的言行，说话的语气和面部的表情、神态，行为方式，生活作风，兴趣爱好，情感态度等都直接影响孩子。对人慷慨、受人欢迎的家长，也就能教育出一个会做人的孩子。

可在教育过程中，许多家长在这些方面不注意，以成人的思维习惯和标准要求孩子什么能干，什么不能干，甚至告诫孩子不能无缘无故送别人礼物，要苛求回报，这样下去的结果，必然会让孩子扭曲了与人交往的目的，扼杀孩子之间天真的童心。

2.要在诚实守信方面做孩子的表率

当今世界，有些不良风气已经污染了孩子的心灵，所以在家庭教育中一定要注意诚实守信，答应了孩子的事情一定要做到，万一做不到就要向孩子解释原因。现在的家长容易犯一种所谓德育虚伪性的错误，他们会要求孩子做诚实守信的人，可自己的所言所行就显得没有说服力。家长的身教比言传更为直接、重要。有些家长常常会不自觉地在孩子面前撒谎，孩子就觉得撒谎是对的，所以家长要做诚实的人，即使在迫不得已的时候，至少做到不当着孩子的面撒谎。经过父母身教的孩子也必当是个诚实守信的人。

3.在真诚待人方面要做孩子的表率

很多孩子都是独生子女，他们是一家的中心，从小养成了唯我独尊的观念，不能与他人分享，只知“人人为我”，不知“我为人人”。为纠正其观念行为，家长就要在平时的家庭生活中着力营造和谐的家庭氛围，做到家庭成员人人平等、互相尊重、平等待人，还要在社会生活中建立良好的人际关系，尊重他人，平等待人，学会与他人分享。

4.在尊重他人方面做子女的表率

为使孩子成人、成才，许多家长视孩子为自己的私有财产，“望子成龙”“望女成凤”心切，对待孩子或溺爱姑息，或简单粗暴，这很容易使孩子的心理产生扭曲。作为家长首先要尊重孩子，努力创设家庭的民主氛围，是父母为孩子应尽的义务。同时，不能一味讲家长权威，要注意和孩子进行思想交流与情感沟通。

这些品质都是孩子成功做人的前提，家庭教育的目的首先就是“人的教育”，其次是在人的教育基础上的“人才教育”，也就是父母教育孩子怎样做人，怎样成才，从而在未来社会中怎样做事，做人是第一步，会做人的孩子才能以健全的人格和完美的品质获得别人的喜爱，才能活得更加轻松、自在!

让诚实守信代替孩子的“撒谎成性”

小东一直是个乖巧的孩子，可是，最近他居然挨了爸爸的一次打，这是怎么一回事呢?

那天下午，他的父母在观看画展时，巧遇小东的班主任江老师，江老师谈起小东的学习，自然涉及刚刚考过的期中考试。江老师说：“小东这次成绩不太理想，只考了第九名。”小东爸爸说：“听小东说，好像是第三名，从成绩上推算也应是第三名。”江老师肯定地说是第九名。

看完画展回家，他们问小东这是怎么回事，小东觉得纸包不住火，便把实情告诉了父母。

原来，在上个学期小东成绩是班内第一。入三年级后由于学习松懈，参加活动过多，成绩有些下滑，期中考试仅名列班内第九。可能是由于虚荣心太强，怕父母责怪，于是涂改了好几门课的成绩，使总分排在班内第三。小东的爸爸由于当时心情激动，狠狠打了小东，对他说："不管考第几名，爸爸、妈妈都不会责怪你，关键是你不诚实，用假成绩哄骗家长，实际上也是自欺欺人，这样的孩子将来怎么能有所成就？"

可能涂改成绩对于一个成长阶段的孩子来说，并不算什么大事，但这却涉及他们人格塑造得是否完善。

在中国伦理的范畴中，诚，本义为诚实不欺，真实无妄，它包含着对己、对人都要忠诚的双重内涵。诚信作为中华民族几千年积淀下来的传统美德，历来为人们所崇尚。而通常我们认为影响孩子诚信品质发展的因素主要是家庭，学校和社会三个方面。其中影响最大，持续时间最长的当属家庭教育。可见，如何改变孩子撒谎的习惯、使之成为一个诚实的人，是值得家长们共同去探讨的问题。

那么父母该怎样教儿童诚实守信呢?

1.父母要以身作则，不要撒谎

有这样一个笑话，一位爸爸教育孩子："孩子，千万别撒谎，撒谎最可耻。""好的，爸爸。我一定听您的。""哎哟，有人敲门，快说爸爸不在家。"试想，这样教育孩子，孩子能诚实吗?

美国著名心理学家大卫艾尔金德认为：要想让孩子有教养、守道德，父母必须是一个品德高尚的人。父母不要以为在孩子面前说的是一套，自己做的又是另外一套，而没有被孩子识破，孩子就会表现出诚信的行为。孩子的眼睛是真实的，他们往往会以实际为取舍。因此，家长应时刻检点自己的言行，从日常生活中点点滴滴的小事做起，不要撒谎，只有这样，对孩子的诚信教育才会有实效。

2.父母要及时地肯定和鼓励孩子诚信的表现

孩子虽然在成长，但毕竟还小，思想和品德都未定型，家长应该抓紧实施诚信教育，时时事事都不放过，有理有利，让他们从小获得一张人生的通行证——诚信。

人人都渴望被肯定，孩子也是这样。为了满足这种需要，他们在与他人交往的时候，一般都会勇于自我表现，成人在这方面应该创造条件，给予他们积极的诱导。当孩子有了诚信表现之后，父母及时给予肯定，强化诚信的行为效果，不断加深诚信在孩子头脑中的印象。日久天长，诚信习惯自然而然就会形成。

3.掌握批评的艺术，及时纠正孩子不诚实的行为

孩子说谎，家长往往非常生气："小小年纪，怎么学会了说谎？长大成人后岂不成了骗子！"家长为孩子的不诚实担心是有情可原的，但在批评孩子的时候，是要讲究方法的，这才会行之有效。首先，不要损伤孩子的自尊心。家长要弄清楚孩子不讲诚信的深层原因，千万不可盲目地批评。在此基础上，还要及时对他进行单独的批评以便抑制不诚信行为继续发生。其次，要让孩子心服口服。不要用粗暴的方式来对待孩子，这无异于把孩子推向不诚信的深渊，下次就会编出更大的谎言来骗人。

4.和孩子建立真诚和相互信任的关系

父母要求孩子说话算数，那么父母对孩子首先要说话算数。如果确实无法实现对孩子的承诺，一定要向孩子解释原因。这样在孩子心里才

能对诚信的重要性有一个深刻的印象和理解，也才会信任家长，有什么事、有什么想法都愿意告诉家长。

如何让孩子改掉“贼”性

刘先生家境不错，儿子的零花钱也一直不缺，但最近，他却被叫到了警察局，原来是儿子偷东西了，为什么会这样呢？事情是这样的：有一次，刘杰到好朋友小伟家去玩，发现小伟家有一架很逼真的玩具望远镜。刘杰想知道这架望远镜究竟能看多远，就向小伟请求借来玩玩，没想到小伟不答应。刘杰很生气，就想故意偷走这架望远镜，好让小伟着急。果然，找不到望远镜的小伟像热锅上的蚂蚁，刘杰这下子得意了。

从那次之后，刘杰就产生了一种很奇怪的心理，他觉得偷别人的东西，能获得一种快感，班上很多同学的文具都被他偷过。而这次，他在逛超市时，因控制不住自己，从货架上偷拿了一些并不贵重的物品，他刚准备把它们放在不易被发现的地方带回家，就被超市老板抓住了。

像刘杰这样的孩子并不多，但却很有代表性。实际上，一些孩子偷别人的东西，并没有什么明显的目的，有时纯粹是为了给别人造成困难而获得快感。如盗窃经济价值不大的物品，有的只是把窃得的东西扔掉、损毁或随便送人，这些行为让很多父母很是头疼。

儿童心理学家对那些有过偷盗行为的孩子进行了调查，发现这些孩子多半都有一些共同的经历：学习压力大，和父母、老师关系处不好，没有可以交心的朋友，喜欢上了一个异性却被拒绝，这些都可能让他们产生想偷东西的念头。

其实，每个孩子都想成为同龄人中的佼佼者，成为父母、老师的骄傲，可事实上，不是每一个孩子都能做到，于是，他们感到自己被人忽视了，干脆沉沦堕落。也有一些孩子，成绩优秀，但每一次优秀成绩的取得，都是经历了心灵的煎熬。正因为他们倍受瞩目，所以他们很累，于是放纵的想法就在心里蠢蠢欲动，他们更羡慕那些不用考试、不用面对老师和家长严肃面孔的孩子，很快，他们尝试着抛开一切，松懈学习，放纵自己。

孩子在进入学校学习时，都是聪慧的，但是他们也同样处于身心发展时期，他们的心理发展和生理发育往往不同步，具有半成熟、半幼稚、叛逆等特点。因而，在他们心理素质发展的关键阶段，父母应当引起重视，对不良行为的孩子既不能生硬批评，引发他们的叛逆情绪，也不能任其发展，让他们走入歧途。如果孩子有偷盗行为，在教育的过程中，需要注意以下几点。

1.孩子有偷窃行为，绝不能打骂

孩子偷了东西，并不代表孩子就是真的“坏孩子”，更不能给孩子贴标签，但是也不能放任不管。

为此，如果父母确定孩子真的偷了东西，那么，要帮助孩子将事情的影响降到最小。有的家长认为只有“打”才是改正“偷窃”行为的最好对策。其实错了，打孩子会疏远了父母与孩子之间的感情，孩子会感到孤独，得不到家庭的温暖，甚至不敢回家，流浪在外，与社会上的浪子交往，被他们所利用，最后走入歧途，更甚至会触犯法律受到制裁。

2.细心观察，防患于未然

日常生活中，我们一定要随时观察孩子的思想动向，如果孩子的零花钱突然多了父母一定要引起重视，因为这意味着孩子可能偷东西了。然后，要仔细排查可能出现的情况，不管运用什么方法，其目的只有一个：动之以情，使他自己露出破绽，承认错误，但不能伤害他们的自尊心，如果事态的发展允许对他们的错误行为进行保密，那么，一定要坚守诺言。否则就失去了再一次教育他们的机会，他们也不会再相信你了。

3.培养孩子的是非观念，让孩子知道偷东西可耻

也许你从前已经教育孩子要知道什么是是非，但孩子极其容易受到影响甚至改变，因此，父母一定要经常对孩子进行一些是非观念的培养，要让孩子知道偷东西是可耻的，也不容许同样的事再次发生。对这类孩子进行矫治，必须先从帮助他们形成正确的是非观念、增强是非感开始。

总之，如果你发现孩子偷了东西，切不可急躁，既要批评，又要耐心说服，使孩子受到教育，感到内疚，才会自觉改正！

别让孩子成为被虚荣腐蚀的“玛蒂尔德”

11岁的米米长得很漂亮，弹得一手好钢琴，是个人见人爱的女孩。但是，她也是个十分“奢侈”的孩子，穿的衣服不是耐克就是阿迪达斯，总而言之，从头到脚都是名牌。有些时候父母给她买来不是名牌的衣服，不管多好看，她都一概不穿，还为此哭闹了很多次。

父母对她这点也十分头疼，实在不明白为什么孩子这么小就如此热衷于名牌，而米米的理由就是："让我穿这些，我怎么出去见人啊？我的同学都穿名牌，我要是没有，人家会笑话我的。我不穿，要不我就不去上学。"

不仅如此，米米还逼着爸爸给她买手机和高档自行车，原因也是"同学都有"。

米米不是一个特例，这已经成了现代社会的普遍现象。尤其是出生在经济条件稍微好一些的家庭的孩子，从小就习惯了玩高档玩具，吃洋面包，穿名牌衣服，然后同学之间也相互攀比，比谁的衣服牌子更有名、谁的自行车更高档、谁爸爸的车更气派。

孩子这种沉溺享乐的比较，是典型的攀比心理，这对孩子的成长有着消极的影响。事物的发展都是由量变到质变的，如果父母掌握不好教育孩子的尺度，听之任之，就会让孩子陷入物质追求的泥潭无法自拔。他今天可能要求买高档玩具，明天则有可能是更奢侈的东西。长此以往，当孩子日益增长的要求无法得到满足的时候，孩子可能就会为了满足虚荣心而抵挡不住社会上的各种诱惑而走向歧途。

虽然虚荣心是一种常见的心态，但虚荣心对孩子的成长具有很大的妨碍作用，最重要的是，孩子爱虚荣，有碍真正的进步，甚至会形成嫉妒成性、冷酷无情的性格。

父母也许都看过法国作家莫泊桑的小说《项链》，小说的女主人公叫玛蒂尔德，是一个被资产阶级虚荣心所腐蚀而导致青春丧失的悲剧形象。

家长如果不希望自己的孩子被虚荣心侵蚀，甚至成为玛蒂尔德那样的人，就要从生活中开始关心孩子，对于孩子过于讲究穿着的现象不能掉以轻心、任其自然，更不能盲目迁就、助其发展，而应该加强对孩子的健康审美教育，正确引导，帮助他们克服不良消费观念和消费行为，形成正确的消费观念。

为此，儿童心理学家给我们这样一些建议。

1.以身作则，提高孩子的审美情趣

孩子的很多行为观念是受父母影响的，尤其在审美情趣上，如果父母也盲目追求名牌或者奇装异服等，孩子自然上行下效。例如，妈妈告诉孩子："这件衣服虽然不贵，但穿在你身上还是很好看的！"这样，孩子就会认为，不一定衣服贵才好看。

另外，现在很多家长有炫富心理，认为现在生活条件好了，不必省吃俭用。孩子是自己的招牌，让孩子吃好、穿好，面子自然就有了，其实，这也是对孩子思想观念的一种误导。

2.转变孩子的攀比兴奋点

孩子有攀比心理，说明他内心有竞争意识，想达到别人同样的水平或者超过别人。家长要抓住这种上进心理，改变孩子比吃、比穿的消费倾向，引导孩子在学习、才能、毅力、良好习惯等方面进行攀比。

当然，家长要注意的是：改变攀比兴奋点不是一件容易的事，重在引导，而不是生拉硬拽地让孩子转移自己的攀比兴奋点。例如，当孩子和同学比穿着的时候，有些父母生硬地说："人家有钱，你家没钱，有本事你就和人家比学习，将来超过他，赚大钱了自己买新衣服。"这样的话只能让孩子感到不如他人，甚至产生自卑心理。

3.让孩子认识到学习才是他的天职

父母应教育孩子集中精力搞好学习。要通过教育，使孩子明白自己是一名学生，而学生的主要任务是学习，应把主要精力放在学习上。孩子攀比，父母可以告诉他，应该与同学比成绩、比品德等，而不是比吃穿，以德服人才是真正的优秀。这样，孩子就会把攀比的焦点放在学习上了。

4.帮助孩子充实内在，淡化虚荣心

有些父母认为，孩子现在的主要任务就是学习，当然，这是正确的，但不要把全部的目光都放在提高孩子的学习成绩上。只有充实孩子的内心世界，他才不会盲目与人攀比。例如，你可以为孩子购买一些能充实孩子内心的书籍，这样，孩子就不是一个“绣花枕头”，孩子很爱看书，自然也就不会整天琢磨外表或其他的事情了。

总之，攀比也是很正常的心态，每个人都或多或少有攀比心，包括成人。良性的攀比能使人奋发。孩子如果不经父母的帮助和指点，很容易盲目攀比而误入歧途。因此，家长要引导孩子，不要让孩子在物质上比，而是要比学习、比品德、比做人的本领、比对集体的奉献、比各自的理想、比自己的特长，在这样一种良性的竞争中，孩子一定会健康地成长！

不要让孩子事事依赖“钱”

一位世界著名的儿童心理卫生专家说：“有十分幸福童年的人常有不幸的成年。”很少遭受挫折的孩子长大后会因不适应激烈竞争和复杂多变的社会而深感痛苦。每个人来到世间，都要面对两个基本问题：一是生存问题，肉体生命要能存活；二是人性的升华问题，要保持住人格。我们不可能回到贫穷时期，但我们可以借着教育的力量来拒绝堕落，树立和保持人格。很多孩子在这样一个物质生活水平急速发展的社会，形成了一种“唯钱是亲”的不健全人格。这很大一部分原因是：生活环境过于优越，不知道何谓“吃苦”，我们不妨先来看看下面的场景。

小伟的妈妈下午买菜回来，就急急忙忙地拿了一袋“好东西”到小伟房里。

“小伟，你看我买了什么？我帮你买了几件新衣服喔！”妈妈说。

“我才不要咧！全都是‘撒切尔牌’（意指在菜市场买的商品）的，穿出去很丢脸耶！”小伟任性地回答。

“你怎么这么说？从小就要学节俭，免得长大后有麻烦！”

小伟的这种态度，其实，生活中并不少见，这些孩子已经逐渐唯钱是亲，虚荣心强，认为金钱至上，甚至认为金钱的价值超越亲情和友情，金钱是衡量一切的标准。当然，这与父母的教育有关。

今日经济蓬勃发展，人们的生活水平也相对提高了，但现代人的幸福指数却在下降。消费水平的确发生了很大的变化，但这种变化并不意味着奢侈的开始、价值观的扭曲，并不意味着追求金钱、享乐、挥霍无度的腐败风气。

父母作为孩子成长的坚实后盾，永远在孩子的身后给予他最多的支持与信任。父母给予孩子最大的物质享受，把对孩子的爱全部化为金钱的形式，什么都为孩子承担是不负责任的。当很多问题本来可以动用脑筋和双手解决的时候，他们会惯用金钱的方式来解决。他们在不经意间剥夺了孩子独立成长的权利，当孩子有一天必须要独自面对生活的时候，这种爱就成了影响他们独立的杀手。金钱万能的观点会让孩子失去锻炼的机会，这种金钱依赖的心理也无法让孩子真正成长，往往经不了社会大潮的洗礼。避免让孩子形成事事依赖金钱的观念，教育专家建议父母应该从以下几个方面努力。

1.父母要让孩子树立一种正确的金钱观

有很多东西都是金钱买不来的。例如，“一寸光阴一寸金，寸金难买寸光阴”，金钱能买到钟表，但买不到时间；金钱能买到书本，但买不到知识；金钱能买到朋友，但买不到友情……

2.让孩子体会挣钱的不易

一些孩子之所以大手大脚花钱、喜欢和别人攀比，是父母从小未曾对他们进行过勤俭节约的教育。父母的钱袋永远向他们敞开着，加上父母对他们的宠爱，他们根本就不知道金钱的价值和劳动的意义，认为只要自己伸手，父母就能拿出钱来，甚至很多孩子不知道父母的钱是从哪里来的。父母要想让孩子勤俭节约，就要让他们知道金钱的来之不易，这样他们才会知道节省。

一个周末的下午，小雨要爸爸带她逛商场。她看中了高档的衣服，还要高档的玩具，爸爸不给买，她就噘着嘴不理爸爸了。

爸爸看到女儿这样，想到了一个卖衣服的同学，一个好办法在他心里涌现。

他说：“小雨，你想要买东西，爸爸可以给你买。但是，你得先答应帮爸爸一个忙。”

小雨听爸爸这么说，爽快地答应了。

“爸爸有个同学是卖衣服的。这样，你先跟叔叔去卖衣服。帮叔叔卖出去10件衣服后，爸爸就给你买刚才看上的那些衣服和玩具。”

从没卖过衣服的小雨很高兴，觉得很新鲜，立即回答爸爸：“好啊好啊，卖10件衣服很简单嘛。咱们快走，找叔叔去！”

于是，爸爸把小雨带到卖衣服的叔叔那里，小雨就一本正经地跟叔叔站在一起，帮助叔叔卖衣服。虽然小雨和叔叔每次都很热情地招呼顾客，可一个多小时过去了，一件衣服也没卖出去。

直到快中午了，小雨难过得不得了，没想到卖衣服这么难。而当天下午，小雨和叔叔的生意有所好转，卖得很好，当爸爸拉着小雨的手要去买衣服时，小雨摇着头说：“爸爸，我不要那些东西了，就从叔叔这里买一条便宜点的裙子吧。你们挣钱太难了。”

小雨的爸爸是个教育女儿的有心人，生活中，很多父母总是苦口婆心地教育孩子：“女儿啊，你一定要省着花呀。爸爸每天出去工作，好辛苦啊。”“孩子，爸爸挣钱不容易啊，你不要再买那么贵的衣服了。”其实千言万语，都没有让孩子去亲自体会一下挣钱的艰辛效果来得好。

3.养成艰苦奋斗的作风

我们常说“大富由天，小富从俭”“聚沙成塔”都说明了节俭在生活中的重要性，真正聚集生活的财富，除了要“开源”，还要“节流”，别忽略了“当用不省”的道理，否则不就成了“守财奴”“铁公鸡”，有可能委屈自己又影响了生活质量，甚至失去了助人行善的机会。父母要教育孩子把金钱用在刀刃上。例如，可以带孩子经常参加一些社会公益活动，让他认识到金钱的真正价值。

总之，随着现代社会消费水平的变化，父母也要引导孩子形成一种正确的金钱观，而不是让生活水平的提高成为孩子奢侈的开始，正确的认识金钱，不忘艰苦奋斗的美德，才能有朝一日，放开孩子的手，让他独自面对人生！

拔掉孩子心中“嫉妒”的毒瘤

丹丹妈妈有一天正要走出小区，准备上班，碰到了楼上的邻居，这个邻居的儿子也刚上小学，和丹丹一个学校。

邻居对丹丹妈妈说：“现在的孩子，怎么小小年纪就有嫉妒心呢？对门张姐的女儿成绩好，我无意中夸了一句，我儿子就愤愤不平地说：‘老师包庇她。’开始我也没当回事。期末考试前，那女孩的几张复习的试卷丢了，就来我们家，向我儿子借着复印，儿子一口咬定卷子借给表妹了。可是我儿子根本就没有表妹，而且，那天晚上，我看见我儿子的书桌上竟然有两份复习试卷，很明显，那女孩的试卷是被我儿子偷了。我当时真是六神无主了，我儿子怎么会这样呢？我意识到问题的严重性，焦虑万分，因为任何思想成熟的人都明白‘嫉妒是思想的暴君，灵魂的顽疾’，我想帮助我儿子改掉嫉妒的陋习，可我真不知道怎么办？丹丹妈，你说我该怎么办？”

每个人都生活在一定的人际范围内，都会不自觉地与他人做比较，但当发现自己在才能、体貌或家庭条件等方面不如别人时，就会产生一种羡慕、崇拜、奋力追赶的心情，这是上进心的表现。但有时也会产生羞愧、消沉、怨恨等不愉快的情绪，这后者就是人的嫉妒心理。

不只是成人，孩子也渴望友谊，每个孩子也都有几个朋友，但似乎这些孩子间都有一个威胁友谊的最大的杀手——嫉妒，因为在同龄的孩子之间，往往免不了竞争，因此，一些孩子在面对比自己优秀、比自己成功的朋友时，就会产生心理不能平衡的情况，“和他做朋友，感觉自己像个小丑一样，简直是他的附属品”，这种心理很多孩子都有过。

作为孩子的第一任老师，父母在培养孩子健康的竞争心态上起着极为重要的作用。在培养孩子竞争意识的过程中，要让孩子明白，竞争不应是狭隘的、自私的，竞争应具有广阔的胸怀；竞争不应是阴险和狡诈，暗中算计人，而应是齐头并进，以实力超越。竞争不排除协作，没有良好的协作精神和集体信念，单枪匹马的强者是孤独的，也是不易成功的。为此，父母可以这样引导孩子。

1.让孩子认识到嫉妒心理的危害

只有改变孩子的认知，让孩子认识到嫉妒的危害性，他才会有意识地克服嫉妒心。那么，嫉妒心的危害有那些呢？家长不妨为孩子列出以下几条。

（1）对己来说，嫉妒只能说是一种自我折磨，因为嫉妒憎恨别人又无法启齿。这样，只会让自己在痛苦中煎熬。有人曾说过嫉妒心是不知道休息的，它具有最持久的消耗力，会直接影响到人的身体健康。不仅如此，心怀嫉妒的人，往往妒火中烧，忧心忡忡，人际关系不良。因为通常情况下，心怀嫉妒的人会把这种消极情绪转化为行动。例如，对被嫉妒者冷言冷语、背后说坏话、故意挑毛病等方式，设法令对方难堪，打击自信心。

（2）对别人来说，被嫉妒者往往因挫折反而勇敢进取更显优秀。当你对那些被嫉妒者给予伤害时，只能激发对方的斗志，那么，对方便会更加进步，而你只能停留在嫉妒中不可自拔，可见嫉妒无损他人只会折磨自己。

（3）嫉妒是丑陋的。从近处说它破坏友谊。集体中互相学习互相帮助，共同进步的正气多么令人愉快，而嫉妒者不顾同学之情，朋友之谊，为发泄憎恨而干损人不利己的蠢事，结果只能被集体嘲笑和孤立。从远处说，一旦道德堕落，干出伤天害理之事，还将受到社会谴责、法律惩处。

2.教育孩子在竞争中要学会宽容

现实生活中，部分在竞争中失败的孩子，往往会流露出不高兴的情绪，会对对手充满敌对情绪。从这点也能看出这些孩子还不能用正确、积极的态度面对竞争。这就要求我们在培养孩子竞争意识的同时，还要培养孩子好的竞争心态，要告诉孩子，在竞争中要宽容待人，让他明白竞争应该是互相接纳和包容的，而不是狭隘和自私的。

3.教孩子在竞争中合作

竞争越是激烈，合作意识就越是重要。唯有竞争没有合作只能造成孤立，带来同学关系的紧张，给自己平添许多烦恼，对生活和事业都非常不利。

例如，你可以告诉孩子："这次足球赛中，××队的确赢了，但你发现没，他们这个团合作得非常好，实际上，你所在的团队每个队员都有各自非常好的优势，但却有个缺点，那就是你们好像都只顾自己，这是团队赛中最忌讳的。"

总之，家长培养孩子的竞争能力，就要让孩子明白只有与嫉妒告别的人，才有可能获得最后竞争的胜利，取得优秀的成绩。

第3章

培养优秀社交力，孩子性格谦逊有礼收获好人缘

父母知道，孩子的社会交往能力，是他以后生存的重要方面，社会交往能力强者更容易走向成功。随着社会的进步，现在孩子的成长环境越来越优越，生活内容也非常丰富，这使孩子有了更多在外表现的可能。对此，父母要抛弃担心和成见，鼓励孩子与人交往，大力帮助并引导他们结识好朋友，建立纯真友谊，让他们走出狭小的自我空间，在与集体的相处中感受温暖和愉悦，在心与心的交往中丰富自己的情感世界。

孩子的社会交往能力需要从小培养

现代社会，任何一个人都需要掌握一定的社会交往能力，一个人的价值很大一部分是在社会交往中实现的。很多父母也已经认识到这一点，并开始着手培养孩子的这一能力。可以说，在孩子成长过程中，由于某方面的限制，而无法与别人进行沟通，如不自信，那么孩子的敏感和脆弱就可能把这个孩子击垮，让他完全不能认同这个世界。父母要做好这个桥梁纽带的作用，帮助孩子完善自己的交际能力。

我们教育孩子，除了给孩子一个轻松舒适的生长环境、优越的生活条件以外，还需要教会孩子如何自信地与人交往，一个落落大方、平易近人的人才能赢得别人的赞同、尊重和喜欢，才不会孤独。家长要明白的是，孩子的性格和交往能力，需要从小培养。

“我女儿5岁半了，很可爱，就是特爱害羞，就算碰到熟人也一样，有时甚至还会因害羞而哭闹。我也跟她讲了很多道理，可还是不管用。这该怎么办？”

这是一位妈妈对儿童心理学家说的话。孩子到了5岁，正是初步进行社会交往的阶段，孩子在这个阶段会学习如何来面对家人以外的人。在这之前他的身体还不够自如，语言表达也比较简单，更多地需要成人来猜测他的意愿。可以说，他的生活处处依赖成人。而孩子到了这个年龄以后，基本都开始上幼儿园，会接触到很多的同龄小伙伴，生活范围一下子扩大了。这时，需要他们自己去面对很多的“陌生人”，这就需要一个适应的过程。

但由于每个孩子具有不同的气质类型，一些孩子因为性格内向，一般不自信，会有点害羞，外向的孩子可能在交往中比较大胆。气质性格类型没有好坏之分，只是表明了孩子对待世界的不同方式。但家长一定要注意孩子的心理成长，别把孩子的不自信当成孩子的内向和害羞，一旦发现孩子不自信，就需要根据孩子的特点进行引导，让孩子喜欢交往、擅长交往。家长也不必过于担心，这个年龄段的孩子性格可塑性很大，及时正确引导，是完全可以达到效果的。

那么，家长具体应该怎么做呢？

1.给他与人接触的机会

您可以带孩子参加故事会、联欢活动等，还可以经常带孩子走亲访友，或把邻居小朋友请到家中，拿出玩具、糖果、画报，让孩子慢慢习惯于和别的孩子交往。孩子通常需要安全感，所以起初有家长在一旁陪伴，会让他比较放心。

2.家长多进行积极引导，避免强调孩子的弱点

如果家长说，“我的女儿胆子小、不自信、走不出去”。实际上这是强调孩子的弱点，结果是：“胆大”的孩子更“胆大”，“害羞”的孩子更“害羞”。有的家长会有意无意地说：“你看人家妹妹都会打招呼，你怎么都不会说呢?”这样的比较，反而会对孩子幼小的自尊心产生伤害，让他们更加害羞，更加不愿意说话。所以不要轻易去比较，要相

信自己的孩子就是最棒的。

当有其他人问侯孩子时，家长可以让孩子自己来回答，不必代替孩子来说。如果孩子不愿意说，可以进行一些引导，如“小朋友跟你问好了，你该怎么回答啊？”当孩子自己与“陌生人”进行交流以后，逐渐就会胆大和自信起来。

3.教给孩子一些交往技巧

这是让孩子逐渐自信起来的最佳办法。可以教给孩子一些交往技巧。例如，带着有趣的玩具走到其他小朋友的身边，这就能吸引别人的注意；做与其他小朋友一样的动作，也会得到友好的回应；想玩别人的东西，就教孩子说：“哥哥姐姐让我玩玩好吗？”让孩子自己去说，哪怕是家长教半句，孩子学半句也好。如果得到了满意的回答也别急着玩，要让孩子学会说“谢谢”。如果得不到满意的回答，家长可以打圆场，转移孩子的注意力。家长要明白，集体里孩子是一定会经历失败的，父母现在教孩子一些交往技巧，以后孩子独立面对失败时就不会承受不起。

4.及时表扬孩子

孩子在交往中迈出的每一步都需要父母的支持与鼓励。当孩子能大胆与其他人进行交往时，及时的表扬会让孩子更加自信，更乐于去和别人交往。

5.让孩子多做些运动

研究表明，无论男孩女孩，运动能够增强孩子的自信心，发展孩子的交往能力。家长也不妨多和孩子玩一些体育运动，如球类游戏、赛跑游戏等。引导孩子学会交流的最好时机是在他进行最喜欢的活动的同时，在大人与小孩子、或者孩子与孩子互动玩乐、运动的时候是孩子最放松的时候，也是引导他与人交流的最好时机。

一个会交往的孩子才不会孤独，身边也永远不缺朋友，家长需要教给孩子与人交往的本领，让孩子自信一点，这会让他受益一生！

让孩子成为人人喜欢的万人迷

以下是一个四年级男孩的日记："我的性格还是比较外向的，长相虽然算不上出众，但是自我感觉还可以。学习也不错，班里前十名，可是就是人缘不好。感觉周围其他男生好像都很反感我，看到他们和别的女生玩我也想去玩，可是却不知道怎样加入他们。听我一个好朋友跟我说，他的同桌跟他说比较反感我，也没有说原因，还说不许我那个好朋友告诉我。虽然我是知道了，可是我很无奈，也许是因为我说话的缘故吧，因为我真的不知道该怎样和同学们交谈，怎样才能让别的同学喜欢和我说话，有共同语言。我到底该怎么办？"

可能不少家长也听到孩子有过这样的苦恼："不知道怎样才能被同学和朋友喜欢。"的确，孩子也希望交朋友，不受同学欢迎、人缘差，这是困扰孩子的一个问题。

对此，我们要告诉孩子，受人欢迎的万人迷一定是有人人喜欢的性格、品质，而如果不被人喜欢，就要从自身寻找原因，这样才能有针对性地改变自己。例如，可以这样说："你可以先和好朋友聊聊原因，在自己回想下自己在哪方面做的不够，也可以让他们帮忙问问班里的其他同学为什么不喜欢你。也可以拿张纸出来，写出你认为班上受欢迎的男孩交际好的原因，为什么受欢迎，比方说他的说话方式、内容，再与自己做对比，就能找出原因了。”

父母不但要成为孩子学习上的指导者，更要成为他们成长路上的知心朋友，孩子有了烦恼和困惑后，我们要为其答疑解惑。

孩子都想成为受人欢迎的人，对此，父母要告诫孩子形成良好的交往品质，这些品质包括以下几个方面。

1.自信

自信是人际交往中十分重要的一个品质，因为只有自信，才会将自己成功地推销给别人认识，无数事实证明，这类人更容易赢得他人的欢迎。自信的人总是不卑不亢、落落大方、谈吐从容，而决非孤芳自赏、盲目清高。对自己的不足有所认识，并善于听取别人的劝告，勇于改正自己的错误。培养自信要善于“解剖自己”，发扬优点，改正缺点，在社会实践中磨炼、摔打自己，使自己尽快成熟起来。

2.真诚

“浇树浇根，交友交心。”想要交到真正的知心朋友，就要学会真诚待人，真诚的心能使交往双方心心相印，彼此肝胆相照，真诚的人能使交往者的友谊地久天长。

3.信任

在人际交往中，信任就是要相信他人的真诚，从积极的角度去理解他人的动机和言行，而不是胡乱猜疑，在心里设防护墙。信任是相互的，尝试信任别人，你也会获得信任。美国哲学家、诗人爱默生说过：你信任人，人才对你重视。以伟大的风度待人，人才表现出伟大的风度。

4.自制

与人相处，经常可能会因意见不同、误会等原因发生摩擦冲突，而面对摩擦，学会克制自己的情绪，就能有效地避免争论，达到“化干戈为玉帛”的效果。青春期的孩子，要想克制自己，就要学会以大局为重，即使是在自己的自尊与利益受到损害时也是如此。但克制并不是无条件的，应有理、有利、有节，如果是为一时苟安，忍气吞声地任凭他人无端攻击、指责，则是怯懦的表现，不是正确的交往态度。

5.热情

在人际交往中，热情的人总是不缺朋友，因为别人能始终感受到他给的温暖。热情能促进人的相互理解，能融化冷漠的心灵。因此，待人热情是沟通人的情感、促进人际交往的重要心理品质。

人际交往确实是一门学问，其实，在教育孩子的过程中，不仅要让孩子学习到文化知识，更要着力培养孩子好的性格与品质，这样，孩子在未来人生道路上才会有更广泛的人际关系，获得更多人的支持和帮助。

教孩子学会文明礼让

不少家长发现，儿童之间因不会谦让或不肯谦让而发生的矛盾十分常见，有些家长也不把这些小事放在眼里，反而因为自己的孩子强抢到玩具而高兴，认为自己的孩子“聪明伶俐”。但是，这些父母都忽略了不肯谦让所带来的一些负面影响，孩子之间的不谦让，会影响他们的人际关系。谦让是一种美德，我们中华民族是一个有着几千年历史的文明古国，许多启蒙读物如《三字经》等，都把“礼让”作为教育孩子的一个重要内容。人与人之间交往时的礼让也是社会文明的体现。

让孩子拥有这一品质，也是教育的重要方面，但生活中，我们经常看到这样的场景：两个孩子在一起玩，家长总希望哥哥让着弟弟妹妹，但是很多孩子对此却很反感。有些孩子为受表扬而谦让；也有些孩子为获得更大的弥补而谦让。孩子们这是怎么了？真正谦让的精神都到哪儿去了？

其实，孩子不懂得“让”，其实就是认为“任何东西理所当然都是自己的”，这种习惯其实是在生活中慢慢养成的。谦让也不是他与生俱来的本能，与其指责孩子，不如反思我们自己，我们该如何教育孩子做一个懂得谦让的人？在这个竞争激烈的社会，如何在谦让和竞争之间找个平衡点？在孩子懂得谦让的真正内涵之前，父母应该清醒地认识到，这是教育的重要方面。

那么，家长到底应该怎样让孩子学会谦让呢？

1.给孩子营造一个相互谦让的环境

幼儿时期孩子的个性正处于萌芽阶段，他们对事物的看法往往出自大人的说教或老师的命令。家长应努力营造一个和谐、有爱、团结、互助的氛围。夫妻之间的谦让与邻里之间的谦让，在这样一个良好的氛围中培养孩子谦让的美德至关重要。要让孩子学会谦让别人，让孩子从小在谦让、礼让的生活环境中成长。

2.家长要有意识地为孩子设置争抢的情境，让孩子慢慢地学会谦让

例如，平时在家，父母可以和孩子争一下东西，培养他“并不是所有的东西都是自己的”意识，这样他就会慢慢知道 “谦让”了，接下来

他就会多一份情愿，会让着别人，不管是让大孩子还是让小孩子。

3.对于不懂得谦让的孩子，家长要讲清道理，也应及时提出批评

家长绝不能暴力解决问题，这会加重孩子的负面情绪，孩子会执拗地认为是家长的错，不会理解家长的真正用意。正面引导，耐心说服教育，要教给孩子如何谦让、友好相处、共同分享的方法，让孩子尝试体验团结友好、谦让和谐、共同分享的快乐。在孩子与同伴相处中，要让孩子明白，分享并不是失去，而是一种互利，是双赢。

可以采取措施如暂时先不让孩子参加游戏，使他意识到自己的行为是错误的；同时要告诉孩子如何处理矛盾的方法：只有大家互相谦让，游戏才能顺利进行，有了问题大家可以用“石头、剪刀、布”的方法来解决矛盾，使大家能心平气和地继续游戏。

4.让孩子知道“谦让是一种美德”，从而激发孩子的光荣意识

家长在日常生活中要言传身教，一定要坚持正面引导，从小培养孩子谦让，孩子在潜移默化中就会懂得“让”是一种好习惯。这样，就可以让孩子逐渐拥有谦让这一美德！

分享让孩子更快乐，还能赢得更多友谊

孩子最终要走向社会，要在群体中生活。与人分享，才能得到别人的信任、支持和尊重。因此，父母都希望自己的孩子学会与人分享，养成慷慨、大方、谦让的美德。

分享，是指将自己喜爱的物品，美好的情感体验及劳动成果与他人

共享的过程。“分享”意味着宽容的心；意味着协同能力、交往技巧与合作精神，这些都是孩子应具备的美好素质。人生在世，我们每个人都需要和别人分享。分享快乐，分享痛苦，这样对自己有好处的同时，对别人也有好处，就是现在说的“双赢”。

孩子不愿意与人分享，主要原因有三：一是现在的孩子大多是独生子女，在家庭生活中，没有需要他们伸手帮助别人的这种氛围；二是他们缺少替别人着想的意识；三是他们受教育的程度还不够，使得他们还不能够真正从思想上认识到自己身边还有他人，应该多替他人着想。

由于家庭教育的不全面，尤其是父母的溺爱，使很多孩子自私自利，不愿意与人分享，这对孩子成为一个合格的社会人是极为不利的。自私、不愿意与人分享的孩子并不少见。这虽然不是什么大毛病，但是一个什么都不愿与他人分享、独占意识很强的人，是很难与他人形成良好的人际关系的。所以，从小克服孩子的自私，培养孩子与他人分享的意识很重要。为此，父母应该帮助孩子做到以下几点。

1.分享物质

分享糖果、糕点、图书等物品，家长可以先由物质分享入手。还可以借孩子过生日，邀请小伙伴、父母的亲朋好友一起来分享生日蛋糕，让孩子在此过程中学会分享，体验分享的快乐。孩子有了新玩具或新图书，家长可以引导孩子把好东西带到幼儿园，与同伴一起分享，让孩子懂得好东西要与人一起分享，这样才快乐。

教孩子与人分享物质，要根据一定的年龄：

当孩子小的时候是不知道，也不愿意把自己的东西拿出来和别人分享的。两岁以前的小孩，一般来说是自己玩，或大人带着玩，还不能和其他小朋友一起玩。这个时期的小孩，如果想要别人的东西，要让他学会说“请”。

大约在两岁时，就可以开始教他分享了。教他和别人分享，要慢慢劝说，不能强迫。

渐渐地养成他愿意分享的优点，让他感受到，有礼貌时别人同他分享的可能性很大，而他同别人分享时可以玩得很高兴，同时可以交到朋友。也要告诉他，如果不愿意给别人玩的，可以不分享。

2.分享快乐

别人很高兴的事，你也可以一起高兴，从而产生一种因分享而带来的快乐和满足感。

3.分享成功

培养孩子的大气性格。引导孩子从小分享他人成功，显得尤为重要了。

4.在家庭中巩固分享行为的养成

孩子善于观察和模仿，家长的言行举止都是孩子观察和模仿的对象。

（1）创设环境。家中尊老爱幼，注意引导孩子从身边的小事做起。如把新玩具分给邻居家的小朋友玩，有好吃的先分给爷爷、奶奶、爸爸、妈妈吃，让幼儿渐渐养成分享的行为。

（2）故事引导。家长可以在晚饭后，或者睡觉前讲述一些有关分享和谦让的脍炙人口的故事或儿歌，让孩子从小懂得谦让，要把好东西分给大家。

（3）榜样作用。父母是孩子的第一任老师，父母的日常行为、言谈举止和情感态度随时都对孩子的发展产生潜移默化的影响。所以，父母要做个有心人，平时抓住一切有利时机为孩子做好行为示范。父母必须经常检查自身的言行，为孩子做出良好的榜样。

告诉孩子，好东西要同大家一起分享，同时在平时生活小事中不忘教育孩子分享。

总之，家长不能对孩子有求必应，而是让孩子在和别人交往中，自己决定什么东西在什么时候是否分享。父母只能引导，不能强迫，要用正面教育的方法。教孩子和朋友分担痛苦，他的痛苦就会减少许多；教孩子和朋友分担快乐，他的快乐就会成倍增长。学会了分担和分享，他的生活就会遍布阳光，这样的孩子才是内心健康，人格健全的孩子，才能迎接未来社会的挑战！

如何培养出文明礼貌的“小绅士”

这天，正是午休时间，爱听歌的王刚一边走路一边看手机上的歌词，耳朵里还塞着耳机，一边哼着歌一遍摇着头，就这样，和姚亮撞在一起。

姚亮斜睨了王刚一眼，怪声怪气地说：“好狗不挡道。”

王刚瞪大眼睛，气愤地回应：“你！没长眼啊？”

姚亮嗓门也很高：“你才没长眼呢！”

王刚更是扯着嗓子喊：“你眼瞎了啊！”

姚亮向前一步嚷：“你才瞎了呢！”

两个人脸红脖子粗，谁也不肯道歉，最终动起手来，姚亮冲动地把王刚打出了伤。看着受伤的王刚，姚亮后悔不已，吓得不知道该怎么办才好。老师还把他的父母请到学校来了，姚亮的父母很通情达理，并没有指责儿子，看着委屈的儿子，他们反倒安慰起来。

“爸妈，我该怎么办呢？帮帮我吧！”

妈妈问姚亮：“孩子，你真的知道自己错了吗？以后再发生这样的事情你知道该怎么做吗？”姚亮忙不迭地点头。

“那你跟妈妈说说你该怎么做？”妈妈问姚亮。

“要注意礼貌，撞到别人，要说‘对不起’，而不是出口成脏。”姚亮对妈妈说。妈妈听完，高兴得点点头。

姚亮和王刚之间引起矛盾并且最终大打出手，主要就是因为几句脏话，可见，文明礼貌直接关系到孩子的人际关系。

也许，在孩子还小的时候，无论是老师还是父母都嘱咐孩子要文明礼貌，不能讲脏话，但是随着孩子年纪的增长，逐渐忽视了孩子的这一教育，转而把眼光都放在了孩子的学习上，而事实上，孩子是需要全面发展的，这也是素质教育的宗旨。要知道，一个满嘴脏话的人，无论是生活、工作还是学习，都无法获得他人的尊重和与他人友好协作，也不易获得友谊和自信，因此缺乏幸福感。要想使孩子成长为有所作为的人，父母就应教孩子从小懂礼貌、讲文明。

如果你的孩子总是说脏话，那么，你需要从以下几个方面来引导他。

1.分析脏话的内容，告诉孩子，说脏话是不对的

父母在听到自己的孩子说脏话时，不要显得惊慌失措，也不要气急败坏地责骂，更不能置之不理，要冷静，严肃而不凶悍，以和缓的语气和孩子说话。例如：

“孩子，你刚才说的那句话，用的词汇很不好，你知道我说的是哪

个词汇吗?”

“你是孩子，不能说这个词语，知道吗?”

“为什么不能说呢?因为你是孩子，你说了，别人会说你不懂说话，说你学习不好，看不起你!”

“你愿意让别人看不起吗?”

“那么，你应该怎么说?说给妈妈听。”

“对啦！这样说才是好孩子。”

家长最难做到的就是“不生气”。家长生气，孩子就听不进你说的话了。另外一些家长喜欢和孩子说大道理，让孩子不耐烦，反而失去教育的功效。

2.以身作则，杜绝孩子学习脏话的来源

生活中大多数情况是这样的，大人有时也会语出不雅，但都习以为常。而脏话从孩子嘴里说出来，就特别刺耳，要是他们在大庭广众冒出些脏话，父母更是想找个地洞钻下去。其实，家长更应该拒绝脏话。在家里建立互相监督的制度，如果父母不小心在孩子面前说了不文明的词句时，一定要向孩子承认错误，以加深他不能说脏话的印象。

3.教会孩子一些初步的礼仪知识

家长应该从小教导孩子学习一些礼仪知识，这也是文明行为，包括见面或分手时打招呼、握手，与人交谈时眼神、体态和表情要体现出对对方的尊重。久而久之，孩子就会认识到说脏话是一种不礼貌的行为，就会努力改正。

总之，满嘴脏话是一种不良的行为习惯，是有失礼仪的表现，孩子不懂得尊重他人，在人际交往之中就会产生许多摩擦，也会失去许多朋友和机会，父母绝不可忽视这一点。

让孩子明白朋友是一笔财富

“结交新朋勿忘旧友，一如浓茶一如美酒，情谊之路长无尽头，愿这友谊天长地久。”这是一首儿童友谊歌，每个人都需要朋友，孩子更是。尤其是当今独生子女家庭，朋友让孩子更懂得爱，也让孩子的人生路更平坦。

圆圆原来有个毛病，对伙伴不懂得关心。那次秀秀跑步摔倒了，她站在一旁哈哈大笑。妈妈问她为何不扶起秀秀，她竟然潇洒地说：“关我什么事？”妈妈决定改改她这个毛病。那天，圆圆膝盖摔破了，妈妈故意轻描淡写地说：“你自己去诊所上药。”圆圆哀求妈妈：“妈妈背我去吧。”妈妈毫不心软地回敬她：“关我什么事?!”圆圆伤心地哭了……妈妈适时地教育她：“受人奚落的滋味好受吗？”她摇头。这以后，圆圆逐渐变得懂事起来：哪个伙伴生病了，她会送去新买的玩具表示问候；见到大孩子欺负小孩子，她会主动站出来与其说理……圆圆的善解人意，让小伙伴们感受到安全和快乐。大家都愿意和她交朋友。

圆圆妈妈就是个有心人，当孩子在日常生活中，对周围的事物比较默然的时候，家长一定要引起注意，这表示孩子可能比较冷漠，这对于培养孩子与人合作的能力是不利的，要及时的引导。

现在的孩子，在家里基本过着“一个中心”的生活，这容易养成孩子以自我为中心的行为习惯，所以会给别人留下霸道、自私、任性的印象。

父母要大胆地积极地为孩子创造与人交往、结交朋友的条件，培养他们与人合作的能力和意识。将来，在孩子遇到一些生活和社会难题的时候，便能借助与人合作的力量解决。现代社会中独生子女的比例增加，任性、脾气大是大多数独生子女家庭的孩子的弱点，通过人际交往和同学间的友谊，能够改变和矫治这些不良的心理品质。当孩子具备一定的能力和品质的时候，也就具备了成功的条件！

那么，怎样才能做好引导孩子交到好朋友呢？

（1）如果你的孩子已经交上了朋友，父母要及时给予肯定，如对孩子说："真高兴你有了自己的朋友，听说你的朋友很棒，你们应该互相关心，互相帮助。"或者说："听说你交的朋友很出色，我很想见见他，你看可以吗？"

（2）如果你的孩子还没有朋友，则应积极帮孩子寻找。如鼓励孩子与家附近的孩子一起玩，与同事或同学的孩子一起玩。并适时和孩子讨论他们交往的情况，帮助孩子分析并做出选择。

（3）要欢迎孩子的朋友到家里来玩。把孩子的朋友当成自己的朋友一样，采取热情欢迎的态度。当孩子的朋友来家里时，父母应该说："我们家来朋友啦，欢迎欢迎。"或者"真高兴我的孩子有你这样的朋友，你们能来太好了!"而且要鼓励孩子认真接待，让孩子的朋友感觉到你对他们的支持和赏识。

（4）需要注意的是，对于孩子和朋友的交往，父母也不能听之任之，使孩子陷入不当的交际圈。要充分利用他们喜欢交往的心理，因势利导，正确地引导和帮助他们建立纯真的友谊。

父母也必须得让孩子知道哪些朋友是不该交的。如果你对孩子的朋友某个方面很不满意，就应该当着孩子的面严肃地说出来。

友谊是每个孩子重要组成部分。对孩子来说，结交朋友似乎是这个世界上最自然不过的事情。然而有时候孩子也需要父母的一点帮助，把天天见面的熟人变成自己的朋友。由于年龄相近、志趣相投、关系融洽、地位平等，同伴群体能满足孩子游戏、友谊、安全、自尊、认同等方面的需要。父母要让孩子明白，友谊是一笔宝贵的财富，要鼓励孩子在周围的生活圈子中多交善友，这会让孩子一生受益无穷！

教导孩子学会真诚的道歉

责任心是孩子健全人格的基础，是能力发展的催化剂。责任心培养应遵循这样一个规律：从自己到他人，从家庭到学校，从小事到大事，从具体到抽象。遵循这样一个过程。家庭在培养孩子的责任心方面发挥着无法替代的作用。责任心的培养有一个起点，那就是先要为自己的行为承担责任。修身、齐家、治国、平天下，修身是一切成功的基础，连自己都管理不好的人，无法承担更大的责任。因此，父母如果要教育孩子学会承担责任，首先就要让他们学会为自己的行为负责，当孩子做错的时候，家长一定要让孩子学会道歉。

美国著名心理学盖瑞·查普曼博士提醒说：“孩子在小时候就能学会道歉的语言，随着年龄的增长，他们对道歉的重要性会有更深的领悟和理解，为今后的道德和人际关系发展奠定基础。”

每个人都生活在各种关系中，谁也避免不了在与人交往时会伤害别人或者被别人伤害。做错了事说声“对不起”是一种体现人的素质、增进人际交流必不可少的行为标准，尽管大多数伤害是无意的，但学会道歉和学会接受道歉，是打开通向原谅和恢复关系大门有效的钥匙。

如果孩子已经依赖成性、不愿对自己的行为负责，那么父母需要采取严厉的做法。“逼才是爱”，父母要勇于要求孩子承担自己的责任。通常，父母都需要经历一个漫长的过程才让孩子明白，当他的行为让别人受到身体的或者情感上的伤害时，他应该表示道歉。而一旦孩子能够发自肺腑地说出“对不起”，那么他不仅仅是掌握了一项社会技能，更重要的是，他同时学到了怎样去补救自己的过失，怎样对自己的行为负责，怎样照顾他人的情感。家长该怎样学会这门教育真经，让孩子在伤害他人的时候，为自己的行为负责，向对方道歉呢?

1.让孩子学会认错，这是让孩子学会道歉的第一步

孩子没有学会道歉，可能是因为不懂得是非概念，不知道生活中什么是对的，什么是错的，为什么是错的，更不知道自己应该怎样改正错误。因此，父母切不可对孩子动辄责备，应耐心地告诉孩子为什么错了，错在哪里。认错需要一定的勇气。孩子不敢认错，可能是害怕承担后果，父母应给孩子一种安全感，告诉孩子每个人都有犯错误的时候，只要改了就是好孩子，避免孩子产生畏惧感。

2.孩子犯错要及时纠正

当孩子做错事时，父母应及时地给予教育并纠正。让孩子知道错误不是不可挽救的，只要改好了，就可以得到原谅。父母千万不要在孩子

做错事后，一味地批评、指责孩子，这样易导致孩子产生逆反心理，以后犯错时就会总想找借口推托。对懂得道歉但又频繁犯错的孩子，父母不仅要注意孩子的言语道歉，更要关注孩子改正错误的行为。因此，如何处理孩子所犯错误比孩子犯的错误更值得父母思考。

3.可教会孩子一些真诚地向别人道歉的艺术

（1）教会孩子用一些小礼物表达自己的歉意，这就是“尽在不言中”的妙处。孩子之间的矛盾不是什么“深仇大恨”，只要有一方主动示好就能化解。

（2）让孩子切记道歉并非耻辱，而是真挚和诚恳的表现。伟人也有道歉时，丘吉尔起初对杜鲁门的印象很坏，但后来丘吉尔告诉杜鲁门自己以前低估了他——这句话是以道歉方式做出的赞誉。

（3）除非孩子道歉时真有悔意，否则对方不会释然于怀，道歉一定要出于至诚。

（4）告诉孩子道歉要堂堂正正，不必奴颜婢膝。孩子想把错误纠正，这是值得尊敬的事。

（5）让孩子明白，应该道歉的时候，就马上道歉，越耽搁就越难启齿，有时会追悔莫及。要抓住时机，不要放过机会。

家长要以身作则，给孩子树立好榜样，自己做错的时候，也要真诚道歉。让孩子对自己的行为负责，不能让孩子成为一个敢做不敢当的懦夫，责任感的缺失会导致人格的缺失。而为自己的行为负责，这是孩子责任心培养的重要方面，是孩子担当家庭责任、社会责任的前提！

第4章

吃苦耐劳，远离安逸和物质享受的孩子更坚强

随着物质生活水平的提高，很多家长爱子心切，舍不得让孩子吃一点点苦，认为没必要让孩子遭受苦难舍不得让孩子放弃优越的环境，舍不得让孩子离开父母的保护，舍不得让孩子自己去奋斗。却忘记了古人“梅花香自苦寒来”的道理，苦难是人生的必修课，也是人生的一笔财富。要想培养性格坚强的孩子，让孩子的将来有一个辉煌的人生，就必须让他们从小经受苦难的洗礼。人生是一个不断奋斗的过程，一个人只有勇于面对生活的磨难并克服它，继续迎接下一个挑战，才能成为最后的赢家。

苦难与挫折是孩子成长中最好的礼物

人们常说，“自古英雄多磨难。”这句充满智慧的警句，生动地说明了一点：父母培养孩子从小学会应对挫折，会使孩子终身受益。实践告诉我们，要教育好下一代，除了要教孩子掌握一定的科学文化知识和技能外，还必须帮孩子塑造良好的思想素质，人只有经历过挫折，从小培养顽强的意志力、忍耐力以及坚韧不拔、不屈不挠的精神，最终才会获得成功，才能在竞争中立于不败之地。给孩子一点挫折，对孩子的一生是大有益处的。放开手让孩子独立面对生活的各个方面，让其自己解决问题，孩子如此几经“折磨”，将来就不会像温室里的豆芽那样，一碰就断。这就告诉父母，挫折教育必不可少。

印度前总理甘地夫人，不仅是一位非常杰出的政治领袖，更是一位好母亲、好老师。在她教育儿子拉吉夫的过程中，曾有这样一次经历：

在拉吉夫12岁的时候，他生了一场大病，医生建议他做手术。手术前，医生和甘地夫人商量术前的一些事，医生认为可以通过说一些安慰的话来让拉吉夫轻松面对手术。例如，可以告诉拉吉夫“手术并不痛苦，也不用害怕”等。然而，甘地夫人却认为，拉吉夫已经12岁了，应该学会独立面对了。于是，当拉吉夫被推进手术室前，她告诉拉吉夫：

“可爱的小拉吉夫，手术后你有几天会相当痛苦，这种痛苦是谁也不能代替的，哭泣或喊叫都不能减轻痛苦，可能还会引起头痛，所以，你必须勇敢地承受它。”

手术后，拉吉夫没有哭，也没有叫苦，他勇敢地忍受了这一切。

关于孩子的教育，甘地夫人有自己的心得，她认为，生活本来就不是一帆风顺的，有阳光就有阴霾，孩子在成长的过程中，有快乐，也会有坎坷。而一个个性健全的孩子就是要接受生活赐予的种种，这样，才能从容不迫地应对未来生活的各种变化。这就是人们常说的甘地夫人法则。

的确，困难和挫折是一所最好的学校，在这所学校里，孩子能历经磨练，“艰难困苦，玉汝于成”。没有尝过饥与渴的滋味，就永远体会不到食物和水的甜美，不懂得生活到底是什么滋味；没有经历过困难和挫折，就品味不到成功的喜悦；没有经历过苦难，就永远感受不到什么叫幸福。尽管每位父母都不想让孩子去经历苦难，希望他们的人生路上充满笑脸和鲜花，但生活是无情的，每个人的人生路上都会有各种各样的苦难，畏惧苦难的人将永远不会有幸福。

父母作为孩子的第一任老师，无论对孩子的期望有多大，希望孩子将来从事什么样的职业，现下都应该帮助孩子学会如何面对挫折和困难，而不应该一味地宠溺孩子，不让孩子经受一点风浪，这看似是爱孩子，实际上是害孩子，只能让他们长大后陷于平庸和无能。而同样，家长还要考虑到孩子有一定的依赖性，对孩子放手固然正确，但要适度，孩子对挫折的承受能力有限，孩子在受挫时，家长要告诉孩子：跌倒了，自己爬起来，这就给了孩子一种能力的肯定，此时的挫折教育才是有意义的。

为此，父母在生活中培养孩子的抗挫折能力很有必要，我们需要从以下几个方面努力。

1. 父母的心态影响到孩子的心态

父母也是孩子的老师。父母如何对待人生的挫折，首先这是对父母人生态度的一个考验，其次是对孩子给予何种影响。

如果父母在挫折面前积极乐观，把挫折看成一个人生的新契机，那么孩子在家长的影响下，也会直面人生的各种挫折，以积极的心态去迎接各种挑战。反过来，如果家长在挫折面前消极悲观，回避现实，那么只能降低自己在孩子心目中的威信，更不利于教育孩子正视挫折。

2.放手让孩子自己去经历挫折，而不是包办孩子的一切

人生之路，谁都不会事事顺心，有掌声也有挫折，有阳光明媚，也有风雨交加。人生往往挫折坎坷之路比平坦之路更多。孩子还小，将来还要面对复杂多变的社会，所以，要从小让孩子学着面对逆境和挫折，绝不能替孩子包办一切，让其失去锻炼机会。

3.鼓励孩子勇敢面对

孩子在任何时候，都需要父母的支持，挫折发生时，鼓励孩子冷静分析，沉着应对，找到战胜挫折的有效办法。平常和孩子一起探索战胜挫折、克服消极心理的有效方法，帮助孩子进行自我排解，自我疏导，从而将消极情绪转化为积极情绪，增添战胜挫折的勇气。在父母鼓励下战胜挫折的孩子，定能学会抵抗挫折，他就会成为一个在人生路上不断前行的勇者。

总之，父母要让孩子明白，人生路上，免不了挫折，如果家长希望

孩子能在未来社会独当一面，能成为一个敢于面对逆境和挫折的人，就要让孩子从现在开始从容面对挫折，而不是无奈逃避。让孩子明白挫折是生活的一部分，学会正确地看待挫折，孩子才能更快地成长、成熟，将来才会更好地把握自己的人生！

支持孩子参加社会实践

古人云："读万卷书、行万里路。"学习的最终目的是学以致用，对于孩子来说，社会才是人生真正的战场，父母只有让孩子融入实际的生活，孩子才能发现生活中的美丑善恶，才能找到改善生活、改变社会的途径，才能成为一个独立自主的人。

其实，生活中，并不是孩子不能自主，而是很多家长不愿意放手。

芊芊今年6岁半，什么事情都依靠父母，甚至发展到做作业都要父母陪着，当别人问及她以后有什么理想的时候，她说："永远不长大！"这令别人很奇怪，但芊芊有自己的原因："不长大就可以永远和爸爸妈妈生活在一起，爸爸妈妈可以给我做好一切！"但在接下来的一个月，芊芊似乎变了。父母在北京最冷的一月底让她参加了一周滑雪拓展营，她是其中最小的营员。她生活自理，表现良好。回家后，早上主动穿衣洗脸，还把自己抽屉收拾整齐，芊芊慢慢地能开始自己学习，并能主动地帮父母做一些力所能及的事情。

这里，参加社会实践活动以前的芊芊是令人担忧的，这样的孩子并不少见，但正如芊芊父母一样，如果试着大胆放手，家长或许会发现，用不了多久，那朵温室中的小花会像蝴蝶般破茧而出，并飞得潇洒而自在。

因此，孩子力所能及的社会实践活动是值得倡导的，家长应给予支持，因为孩子还是需要在经风雨、见世面的社会实践中才能茁壮成长起来。

家长不妨鼓励孩子走出校门和家门，去参加一些亲近自然，融入生活，关注社会的实践活动。让孩子从小就融入新鲜的生活，对自己主动发现的生活问题、社会现象，进行调查研究，寻求解决问题的方案，增强他们的独立意识和自主能力。通过一些社会实践活动，孩子会变得敏感、活跃，能主动寻找、发现生活中、社会上存在的问题、弊端、不合理之处，从而让他们发现了许多有价值的研究问题，开启自己的智慧。

社会实践活动种类多样，包括如下几方面。

（1）“手拉手”活动，能使生活在城市的孩子心系贫困山区，长知识，献爱心，受磨炼，效果好。

（2）“给祖辈买东西”。让孩子自筹经费10元或15元，给祖父或祖母买一种蔬菜、一种水果和一样日用品，然后送到祖辈手中，看买的东西是不是祖父母需要的。爱就意味着用心灵去体会别人最细微的需要。在买东西的时候学会讨价还价也是生活需要的本领。

（3）“卖晚报”。会不会推销也是难得的锻炼。孩子如果把报卖完了，所得差价便是劳动的成果。

另外，参加社会实践，对于孩子来说，绝对不是什么形式主义，更不是走过场。孩子会在活动过程中，得到许多的乐趣，而这种乐趣正是家长平时无法给予孩子的。有家长认为参加社会实践会影响孩子的学习，那只能说明家长把学习的概念理解得太狭隘了。真正的知识是对于一种事物发展规律的正确认识和经验。如果孩子什么社会生活的经验都没有，那他的所谓知识只能是书本上的“死”知识，而不是生活中真正的知识，这样的孩子也决不能自立，更别说经受得住社会的洗礼了。

那么，家长在让孩子参加社会实践活动的时候，有什么是需要注意的呢？

（1）要明白活动要达到什么目的，有没有吸引力。孩子尤其是年幼的可能对活动的趣味性十分关注。再有意义的教育活动，如果没有趣味性，都很难达到一个良好的教育目的。

（2）防止走形式。孩子参加社会实践活动，是要达到一种教育的目的，不是走过场，要让孩子自己解决活动中遇到的困难。同时，在一些社会活动中，家长还可以让孩子自己筹划、联系和组织。这样，孩子可以从中得到更多的锻炼、收获和乐趣。家长要鼓励孩子在社会实践中注意观察，学会提问，善于交往，动手动脑，勤做记录，这样收获会更大。

（3）社会实践的难度要适中，难度过大会让孩子有一种受挫感。毕竟，孩子是娇弱的，父母要以呵护为主，受挫只是生活中的插曲。孩子有了强烈的受挫感之后，很容易自暴自弃，这对于培养孩子的主见性，反而起到了一个反面作用。

总之，家长在教育活动中，如果能注意经常调动孩子学习的主动性，多给予孩子参加社会实践的机会，就不仅教授了孩子知识，而且能锻炼孩子做事和交往的能力。

蜜罐儿里长大的孩子太软弱

无论什么年代，孩子都要长大成人，都要担当家庭和社会的责任，而随着社会的发展，孩子身上的压力只会越来越大，看古今历史，我们不难发现，不经历成长的艰辛、不明白何谓“贫穷”、蜜罐里长大的孩子弱点多，如自私、虚荣、嫉妒、盲目、软弱等，这些缺点让孩子在面对社会的残酷竞争，理想与现实之间，诱惑与机遇之间，很容易一个不小心，就失掉了平衡。

父母都知道，教育孩子，就是要对孩子意志品质的磨砺、锻炼、培养。那些功成名就的伟大人士，无不饱经了生活的苦难和精神的洗礼，从而获得了意志和能力上的一种升华。那些衣食无忧、受人百般呵护的孩子或多或少都有些性格、品行甚至价值观上的缺陷，蜜罐里长大的孩子很软弱，刘禅的懦弱无能就是这样一个典型的例子。

其实，孩子的成长过程，就是他个人克服自身性格缺陷的过程，他身上的这些由优越的成长环境带来的弱点，可能影响着他未来的婚姻家庭等生活状况，同时也影响着他的人际交往、职业升迁、事业发展……

那么，父母该怎样防微杜渐，该给孩子怎么样的一个“吃苦”的环境，让其摆脱自身的那些弱点呢?

在家庭教育中，孩子自身的弱点严重地影响了其成长、成才的进程，家长要寻找其根源，找出解决的方法帮助他们顺利地成长、成才，以促使家长早日完成望子成龙的夙愿。

教育专家对造成孩子自身软弱的因素进行分析总结，主要有以下几个方面。

1.过分的关怀造成孩子的软弱

每当家长送孩子到校时的那种恋恋不舍、反复叮咛和犹豫不定的言行，使孩子知道了“妈妈舍不得离去”，产生了依恋心理，亦不舍得妈妈离去，时间长了，孩子的软弱性格慢慢形成。

2.不适当的表扬造成孩子的软弱

表扬是对孩子行为的鼓励和肯定，它起到心理强化的作用，不适当的表扬使孩子的行为向不良方向发展，使之定型，久而久之，甚至影响终身。

3.不适当暗示，恐吓造成孩子的软弱

孩子在雷电交加的晚上，正安静地睡在自己的床上，妈妈惊慌地把孩子抱在怀里，孩子从妈妈惊慌的动作和雷电的环境中学会了害怕闪电。还可经常看到一些母亲在孩子哭闹时，哄骗说：“再哭，大灰狼就来了。”久之，孩子甚至不敢一个人在小房间睡觉。

那么，如何使软弱儿童变得坚强，有勇气，有专家建议从以下几点做起。

1.支持软弱的孩子大胆地去做事情

（1）家长对孩子的保护应随着孩子年龄的增长越来越少，由原来的搀着走，变为半扶半放，最终使孩子能够大胆地去走。

（2）要提高孩子能够单独生活，适应社会的能力，这方面要随着孩子的成长越来越多，千万不要凡事包办，养成孩子的胆小怕事的依赖心理。

2.鼓励孩子大胆说话

在孩子面前家长少讲一些“你必须这样做”或“你必须那样做”

等严重打消孩子积极性的话语，多讲一些“你看怎样办”“你的想法是什么”。

给孩子一个独立思考并发表自己意见的机会。

3.鼓励内向孩子与社会打交道

让孩子与外界有所接触，走向社会，不局限于自己的那片天，多与他人交流，开阔眼界，增强认知能力，培养孩子处世能力。

当然，这只是如何克服软弱的几点方法，父母不能给孩子过于优越的生活环境，造成孩子凡事依赖别人的不良后果要明白什么是真正的爱孩子，让他吃点苦，他就能够从真实的生活中懂得生命意义！

让孩子远离奢侈浪费

儿童心理学家认为，对孩子进行吃苦耐劳的教育，为的是培养孩子坚强的性格，而这一教育理念就是要在生活、学习的方方面面给孩子制造“拮据”的环境，让孩子最大限度地体验生活，从而磨炼孩子，提高其耐受力，进而促使其刻苦奋进，促使其独立自强。这一教育理念要求家长在培养孩子的过程中，要让孩子远离奢侈浪费，更重要的是，这是帮助孩子树立正确的金钱观。

随着物质生活水平的提高，孩子奢侈浪费的现象比较严重。有的孩子穿衣服总要穿名牌且喜欢互相攀比；有的孩子喜欢漂亮、高档的文具盒，常常是原来的文具盒还好好的就被丢弃了；有的孩子早点买多了吃不下便随手扔进垃圾桶内；有的过生日邀请同学聚会……这些孩子只知花父母的钱，完全不知父母的辛劳。大手大脚地花钱、对金钱的依赖，正悄悄地改变着孩子的价值观、人生观和道德观。这不能不令做父母的感到深深的忧虑。

要知道，在经济社会的今天，孩子的这种奢侈浪费至少会带来以下几个方面的不利影响。

（1）分散精力，影响孩子的学习。

（2）加重家庭的经济负担。

（3）养成并助长孩子的虚荣心及奢侈浪费的生活习惯。

（4）容易让孩子的消费观念和消费行为走进误区，发展下去将容易导致违法犯罪行为。

因此，家长对孩子的这种奢侈浪费现象千万不能掉以轻心，任其自然，更不能盲目迁就，助其发展，而应该加强进行对孩子健康的审美教育，正确引导，帮助他们克服不良消费观念和消费行为，形成正确的消费观念和消费行为。那么，家长该如何引导呢?

1.提高审美情趣，端正消费行为

孩子对美的认识往往受父母的影响，甚至将父母的穿着打扮作为效仿的对象。如果妈妈说："你穿这件运动服真好看！"那么孩子就认为穿这件衣服很美，天天穿着不肯换。孩子追求名牌的心理，除受社会上高消费的影响外，也与家长自身的审美观、消费观有关。有的父母认为现在生活条件好了，给孩子买高档衣服是应该的，甚至以此炫耀自家的身份、地位或富有，满足自己的虚荣心。有的父母宁愿自己省吃俭用，也要让自己的孩子在别的孩子面前"不掉价"。殊不知，这些家长的行为对孩子是一种误导。

2.强化正面教育，发挥榜样作用

榜样的力量是无穷的。父母可以经常利用领袖人物、知名人士勤俭节约的故事来感化孩子。如给孩子讲艰苦朴素、勤俭节约的劳动人民本色的故事：以我们的父辈，为了使全国人民过上幸福生活，坚持自力更生、艰苦奋斗的事迹来教育孩子；还可以讲一些有作为的企业家，现在仍旧保持艰苦朴素的作风。

3.开展体验活动，引导正确消费

“让孩子当一回家”。父母可以把一个月中所有的收入告诉孩子，并放在抽屉中，让他们来合理安排并记好账。引导他们认识生活中处处要用钱，如果不勤俭节约就无法正常生活的道理。

旺旺小的时候妈妈就有意识地培养他勤俭节约的习惯，每个月定期给他一定的零花钱，让他试着学习理自己的“财”，并经常让孩子买菜、做饭，体验持家的辛苦。

一天晚上，旺旺放学回来对妈妈说：“妈妈，我们学校小卖部的铅笔太贵了，你下班回来路过文具批发市场时，给我买两支回来吧，到时候我给你钱，这样我就能省2毛钱了。”

妈妈高兴地说：“好儿子，妈妈给你带。你真棒，都学会省钱了。”

下个月妈妈给旺旺零花钱时，旺旺少要了几元钱，并对妈妈说：“妈妈，我的本子要用完了，你再去给我多批几本吧，这样又能省不少钱。”

让孩子当家是一个办法，另外，可以让孩子参与和贫困家庭的孩子手拉手活动，通过交往，共同生活，体会到身边还有许多贫困家庭。同时还可以培养孩子的爱心，健全孩子的人格。当然，父母平时更应率先垂范，穿着朴素大方，给孩子以积极的影响，使孩子确立目标，确立正确的消费观念。

4.利用外出消费，制约不当行为

当带孩子上街时，首先应该给孩子制定一个合理的消费范围，打一针“预防针”：什么该买，什么不该买。父母自己身上也不要带太多的钱。免得孩子到时提出额外的要求。当然，对孩子的优秀表现还应及时表扬肯定。毕竟孩子还是喜欢听到别人的表扬。这些都可以促进孩子节约品质的形成。

穷孩子不能“穷”观念，这样有利于树立孩子的金钱观、价值观，家长要让孩子远离奢侈浪费，这能有效的杜绝孩子的拜金主义金钱观，保持勤俭节约的消费习惯，帮助孩子积极健康的成长！

打造精打细算的孩子

如何看待金钱，如何获取金钱，如何使用金钱，这些涉及金钱观。那么，什么是金钱观？简单地说，就是对金钱的认识、分配与使用方法的思考与行为模式。

毋庸置疑，树立正确的金钱观对于一个人至关重要：正确的金钱观，指导我们理性地对待金钱，通过合乎道德与法律的正当途径挣钱，把钱用到利于国家社会、利于他人的地方，用到有利于自己发展、实现人生价值的地方。树立正确的金钱观，我们的灵魂更纯洁，道德更高尚，境界和智慧都能提高一个层次。而价值观的形成，是一个长期的过程，家长要从小培养孩子正确的金钱观。现在，很多孩子在很小的时候，就认识“钱”这个神奇的物品，对钱的观念却是后天培养出来的，如果家长能多给予孩子一些正面的教育与示范，就能帮助孩子在未来处理金钱事物上，奠定一个良好的基础。

培养孩子正确的金钱观，就包括鼓励孩子积累财富，打造精打细算的孩子。但这并不意味着要让孩子和金钱隔离开，家长自己要明白，金钱不是罪恶的，不要让孩子对钱产生神秘感，金钱也不是天上掉下的“馅饼”。孩子不管在哪个阶段都会有“金钱主义”，如果你没在家里帮他树立正确的金钱观，而是把这块空白留到他离开家步入社会之后才来填补，那就很容易失控。那些上大学后，拿学费玩电子游戏、上网的孩子，出国后，用学费买跑车的孩子，都是因为父母早期的金钱教育缺失或错误造成的。这告诉家长，让孩子学会精打细算，首先就必须让孩子对金钱有个全面的概念，家长不妨从小教孩子掌握一些金融育才经。

3岁，应学会识别硬币；

4岁，学会用硬币买简单商品；

5岁，知道管理少量零花钱，知道钱是劳动得到的报酬；

6岁，会识别大面额纸币，知道简单的零钱找换；

7岁，懂得阅读价格标签并确认自己有无购买能力，保证找回的钱数正确无误；

8岁，知道估算所要购买商品的总成本；知道节约以应对近1个月内的需要，懂得在银行开户存钱；

9岁，知道订立简单的每周开销计划，购物时知道货比三家；

10岁，知道每周储蓄一小笔钱以在必要时购买较贵的商品，懂得阅读商业广告；

11岁，知道进行较长期的银行储蓄，包括储种、利率，学会计算利息，知道复利的原理；

12岁，知道明智投资的价值，懂得正确使用一般银行业务中的术语，并知道钱来之不易应该珍惜……

懂得这些金钱知识后，孩子自然就能懂得如何精打细算。生活中，很多家长抱怨："孩子昨天要钱，今天要钱，可这些钱却没有全部花在学习上。"如今，不少家长为孩子花钱不心疼而头疼不已。可寻根究底，家长的教育是孩子奢侈浪费的重要根源之一，让孩子从小有良好的金钱观，打造精打细算的孩子，家长除了让孩子明确钱的概念，更重要的是，从自身做起。

培养孩子的经济意识对于现代社会中的孩子是很有意义的，把大人所有的金钱观全部灌输给孩子却是不明智的。孩子毕竟小，心智不健全，他只懂得刻意地模仿。模仿的过程中如果没有大人的监督就有可能酿成大错。在这个充满诱惑的社会中，给孩子奠定一个正确的金钱观给他未来的人生铺垫一个良好的基础就显得格外重要。家长只有以身作则，首先给自己树立一个良好的心态，正确的金钱观，然后慢慢引导孩子，从生活中的精打细算开始，这样孩子一定能勤俭节约，做到"君子爱财，取之有道，用之有度"，以正确的金钱观作为立世之本！

激发孩子储蓄的兴趣

可能很多家长都交给孩子这样一句话：“努力学习，找好工作。”的确，学习是学生的天职，但很多父母忽视了孩子今天需要更复杂的教育，而现在的教育体系并不足以供应这些。其中，金钱观的教育缺乏正是导致了很多孩子铺张浪费，不懂得理财的重要原因。

很多人发现，学校教育中几乎不涉及孩子的启蒙理财能力，而这一点，正需要家庭教育的补充，在孩子小的时候，父母就应有意识地培养孩子的理财尤其是储蓄的能力，指导孩子熟悉掌握基本的金融知识与工具。从短期效果看，是养成孩子不乱花钱的习惯，从长远来看，将有利于孩子及早具备独立的生活能力，使其在高度发达、快速发展的时代中，具有可靠的立身之本。

外国家长，特别是华裔家长，很重视培养孩子的储蓄观念，为以后学会“炒股”打下思想基础。例如，有的小孩喜欢吃冰激凌，如果买一杯要花50美分的话，家长就告诉他：“你想吃，可以，但是今天只能给你25美分，等到明天再给你25美分，你才能买来吃。”这就是孩子储蓄观念的萌发。又如，平时给孩子一些钱，或者让孩子得到一些劳动报酬。家长则帮孩子找到有利息的银行开一个存款账户。

曾经有人对教孩子怎么储蓄这个问题提出建议：“那么父母应该怎样教孩子会计？这些连父母自己都觉得枯燥乏味的东西，孩子们不会烦吗？而且当家长就是一个风险的回避者时又怎么去教孩子投资呢？因此我们不能简单地说教，而是要让孩子们玩这游戏，让他们自己去体会，和他们一起学习和讨论，这是最好的教育方法之一”，“那你怎么教孩子关于钱和其他有关的事呢？”

激发孩子对储蓄的兴趣，是孩子树立正确金钱观的重要部分。

（1）做到家庭经济透明，因为辛苦钱最值得珍惜。家长可以说：“孩子，当爸爸还是大巴司机时，微薄的薪水仅够家里紧巴巴的开支。但你是否觉得，那时买的巧克力特别香、糖特别甜、玩具特别好玩，有没有感到钱的珍贵？”以情动人，孩子幼小的心灵逐渐有了节俭和储蓄的想法。

（2）帮孩子建立自己的银行账户——给他有限的自由。孩子对于金钱还没有完全的掌控能力，家长又想给他们一定的理财自由以培养兴趣，当这两种需求结合在一起时，孩子的银行账户就形成了。

父母可以让孩子持有副卡并设置自己的密码，使孩子感受到一定的自由。家长持有主卡来遥控副卡，通过主卡对孩子日常花费有所了解。平时在父母给予的有限金额内，孩子可以自由支配银行卡中的金额。孩子外出上学，父母也可以同银行约定，每月按时由主卡向副卡自动转账，这样家长可以通过银行卡来控制孩子在校的消费情况，实现远程遥控，也可以让孩子通过网上银行实现父母与孩子账户之间资金划转。通过对理财账户的使用，孩子可以非常全面地了解储蓄常识，并在潜移默化间培养正确的理财观念。

另外，定期让小孩看到自己储蓄账户的金额，给他制订一些小计划，让他体会到成就感和储蓄的收益。加上不断地为他实施“小恩小惠”奖励，让他养成节俭并有计划的消费习惯，学会储蓄。储蓄账户，可以算得上是激发孩子理财兴趣的第一步。

帮孩子储蓄，可以先从压岁钱开始。每次过年，压岁钱都会把孩子的腰包装得鼓鼓的，这些钱加起来是一笔不小的财富。家长除了帮助孩子购买一些必要的物品外，还能怎样利用这笔钱呢?

一位上小学四年级的孩子，在妈妈的帮助下，把他的压岁钱分成两部分。因此，他在银行有了两个属于自己的账户，其中一个定期账户是用于存放不常用的钱，这样利息高；另一个是活期账户，用于存放日常的零用钱。

后来，在妈妈的指导下，他开始用每年的压岁钱定期购买基金。

授人以鱼不如授人以渔，与其为孩子准备金山银山，不如让他们拥有理财技能，从储蓄开始，这是教孩子理财的敲门砖，积少成多，定期定额。

此外，金钱观是价值观中重要的一部分，正确的金钱观更是帮助孩子拥有良好品质的重要内容，激发孩子的储蓄的兴趣，还有利于培养孩子的理财能力，现代社会，理财能力的高低，已逐渐成为判定一个人能力大小的重要方面。因此，激发孩子的储蓄兴趣，是培养孩子各方面能力的良好开端!

让孩子做金钱的主人

卡奴、房奴对于很多人来说都不是什么新鲜的名词了，因为我们身边很多朋友都属于这个行列。卡奴、房奴的不断增加，突显了刚进入社会的这一群体理财知识的匮乏，更说明了很多人成为了金钱的奴隶，而不是金钱的主人，实际上，理财教育的空白已经成为一个沉重的话题。

父母要教育孩子形成正确的金钱观，而正确的金钱观，就是要让孩子做金钱的主人，学会一些理财方式，下面是国内外理财教育的一些对比。

在国外，理财教育一般都是从娃娃抓起。如在美国，小学就有明确的理财教育目标——7岁要能看懂价格标签，8岁要知道存钱，9岁能制订开销计划等。相比之下，中国的孩子，则过多沉浸在书堆和玩具里，衣来伸手饭来张口，乃至上了大学，有了工作，在理财方面依然一塌糊涂。

我们看看美国父母是怎么教育孩子认识金钱的？

（1）教孩子认识各种货币的价值及其使用：父母注意让孩子从小识别各种货币，知道各种货币之间的数量关系并如何才能做到等值。

（2）教孩子养成储蓄观念：美国父母，特别是华裔父母，很重视培养孩子的储蓄观念。

（3）教孩子合理使用自己的积蓄：父母除了供给孩子最基本的生活必需品外，有些消费，让孩子用自己的积蓄去支配。

（4）在金钱的使用方面要教孩子乐于分享：美国的慈善事业很发达，义工（相当于我国的青年志愿者）也很普遍。这些社会大环境都让孩子从小就目睹耳闻，自觉自愿地把自己的微小积蓄捐赠一部分给需要帮助的人，让孩子从小就体验到人与人之间该相互帮助和分享。

（5）学会精打细算，不乱花钱，不浪费钱财：尽管美国一般家庭都比较富有，但他们的生活比较简朴，不论是在家里吃饭还是请客吃饭都比较简单。

（6）教孩子学会通过正当手段去获得收入：美国人常将自己不需要的东西拿出来拍卖。

（7）用金钱做奖赏，养成孩子的良好行为。

（8）父母用自己的理财观念和消费行为来影响孩子。

《穷爸爸富爸爸》的作者罗伯特·清崎曾说："致富要有财商，有了财商一个人才会大气，视野才会宽阔，出手才会慷慨，在追求财富的过程中才会站得高、看得远。在超前消费逐渐成为潮流的今天，有人认为，理财知识的普及亟须提上日程，而普及工作就需要从孩子开始。金马街小学的一位老师表示，人是金钱的主人而不是奴隶，不是为钱而工作，而是让钱为你工作，这是我们需要向孩子表达的财商的价值观。"他还说："显然，帮助学生树立正确的消费观和理财观，将有助于帮助学生培养正确的社会责任感，开展理财教育，让孩子熟悉、掌握基本的金融知识与工具，养成不乱花钱的习惯，使其适应未来经济生活，及早形成独立生活能力。"同时，他还表示，父母一定要以共同讨论的方式和孩子研究更好的用钱方法，以帮助孩子树立规划金钱的观念，如果父母在家里常以投资理财为聊天话题，小朋友在耳濡目染下也会对投资理财产生兴趣与基本认识。

在我国，由于许多父母对孩子财商教育的疏忽，使许多孩子对金钱没有足够的认识。造成有的孩子过度挥霍，从不节约用钱；有的孩子又太过于"节约"，正当的花销都不想花。甚至有些孩子以金钱为中心，什么事都用金钱来衡量，不管什么事只要有钱都会去做，置道德、法律、亲情、友谊而不顾，成为一个地地道道的金钱奴隶。孩子的这些坏习惯，对孩子的成长大为不利，而且对他的将来有着严重的影响。所以家长在对孩子进行财商教育时，首先要教育孩子成为金钱的主人，不要成为金钱的奴隶。要让孩子明白，只有人来主宰金钱，不能让金钱来主宰人。这样，孩子就能合理地运用金钱来为自己服务，让金钱使自己将来的生活幸福。

要使孩子成为金钱的主人，家长在教育孩子时，应该记住以下几点。

（1）父母自己要有正确的金钱观。要想孩子能正确地对待金钱，父母自己就要能正确地对待金钱，就要做金钱的主人，处处给孩子做榜样。这样孩子自然就会运用金钱为自己服务，就能成为金钱的主人。

（2）告诉孩子该花的钱一定要花，不该花的钱一定不能花。要告诉孩子，钱是身外之物，不要把钱当作命根子。存钱固然重要，但正当的花钱同样重要。告诉孩子亲情、友谊、责任心、爱心不是用金钱的多少来衡量的，就是花再多的钱也不能买回这些东西。让孩子明白没有金钱不行，但金钱也不是万能的。

（3）父母要从生活中的小事来教育孩子，让孩子一点一滴地接受教育，在循序渐进中逐渐明白金钱的本质。

（4）孩子成长的过程本身就是学习的过程，父母平常要把自己生活中涉及金钱方面的经验告诉孩子，让孩子能够在以后从容面对类似的问题。如什么时候该送什么礼品、什么时候该请朋友聚餐、什么样的人可以有金钱往来、什么样的人不能有金钱往来等。

所以，我们并不是不要让孩子和金钱隔离，而是要从小培养孩子的财商，对其进行理财教育，形成正确的金钱观，让孩子接触钱、了解钱并学会如何合理使用钱。这些有利于从小培养孩子的经济意识和理财能力，也是适应未来经济生活的需要，“君子爱财，取之有道，用之有度”，让孩子做金钱的主人，从小具有正确的金钱意识，是孩子德育和智育的重要部分！

第5章

责任为先，敢于担当的孩子才能成大事

父母都知道，孩子好性格的形成与家庭教育密切相关，而责任心的培养是修炼坚韧性格的重要部分，孩子敢于担当，不推卸责任，是家庭教育的重要内容。然而，不少家庭，都只有一个“独苗苗”，导致全家上下围着一个孩子转，让孩子觉得自己是受保护的对象，导致孩子责任意识淡漠，这对孩子的成长极为不利。父母对孩子要从小进行责任心的教育，让孩子在“吃苦”中明白什么是责任感，该怎么担当责任，让他们未来能担起家庭和社会的双重责任，孩子才能独立成人，才能拥有迷人的性格。

让孩子必须明白什么是责任

人是一种社会性的动物，责任是一种对人的制约。所谓责任心，是指个人对自己和他人，对家庭和集体，对国家和社会所负责任的认识、情感和信念，以及与之相应的遵守规范、承担责任和履行义务的自觉态度。每个人都肩负着责任，对工作、对家庭、对亲人、对朋友，我们都有一定的责任，正因为存在这样或那样的责任，才能对自己的行为有所约束。社会学家戴维斯说："放弃了自己对社会的责任，就意味着放弃了自身在这个社会中更好的生存机会。"

而对于孩子来说，他们的责任感必须从小培养，父母在这个过程中发挥着极为重要的作用。影响一个人责任心形成的因素有很多，家庭环境是十分重要的因素，家长的言行对孩子人格发展有潜移默化的作用。

一个11岁的美国男孩踢足球时，不小心打碎了邻居家的玻璃。邻居向他索赔13美元。那是在1920年，当时13美元可是笔不小的数目，足可以买125只生蛋的母鸡。男孩没有办法，只好去向父亲承认错误，请求父亲的帮助。然而，父亲却说斩钉截铁地说，男孩必须对自己的过失负责。

"我哪有那么多钱赔人家？" 男孩非常为难。

"我可以借给你。" 父亲拿出13美元，"但一年之后你必须还我。"

于是，男孩开始了艰苦的打工生活。经过半年的努力，终于挣够了13美元这一“天文数字”，还给了父亲。这个男孩就是日后的美国总统里根。他在回忆这件事时说：“通过自己的努力来承担过失，使我懂得了什么是责任。”

家长应该从身边的小事开始，培养孩子的责任意识，让孩子意识到责任的重要性，不能溺爱孩子。从小就被父母“保护”起来：他们在生活上接受了过多的照顾和包办，行为活动受到了过多的限制和干涉，在需求上也给予过多的满足。这样造成了孩子越来越娇气，生存的依赖性强，心理素质差，自然就不知道什么是责任了。

家长一定要让孩子从小历经生活的磨炼，让他明白什么是一个孩子应该承担的责任，家长可以做到以下几点。

1.父母的教养态度和行为对孩子责任心的形成具有重要作用

对孩子采取民主的态度，鼓励孩子独立思考，允许他们表达自己的观点和看法，有利于孩子形成责任心。

娇惯、过度保护孩子，让孩子从小养尊处优、自私自利、为所欲为，孩子成年后就会缺乏对社会和他人的责任心。

让孩子绝对服从的教育方式只能培养出唯命是从、毫无主见、不负责的人。

2.孩子心中有爱，关心他人，善待他人，这是培养孩子对社会的责任心的基础

例如，要求孩子主动关心老人、病人和比自己小的孩子。父母生病的时候，让孩子学会照顾父母；让孩子知道父母的生日，鼓励孩子给父母送上一份生日礼物。

3.孩子做力所能及的家务劳动，培养孩子对家庭的责任心

和孩子进行协商，对孩子解释他们应该做某事的理由。

把每件要求孩子做的事情，对孩子交代清楚，保证孩子能完全理解。耐心指导孩子做家务，以鼓励、表扬、奖励等方式对孩子进行积极的反馈。

4.让孩子信守诺言，对自己言行负责的父母为孩子做出遵守诺言的榜样

无论做出什么许诺，都要尽可能地实现，如果不能实现，一定要向孩子说明。告诫孩子不要轻许诺言，一旦许诺，就必须遵守。积极支持孩子参加学校的公益劳动和集体活动，培养孩子对集体的责任心。

但其实，责任心的培养，最终目的还是要让孩子学会担当，“担当”的意思是：接受并负起责任。意在强调行动的重要性。

责任不需要整天挂在嘴边，这是一种意识，我们希望孩子明白，在遇到事情的时候必须承担后果。孩子从小学会“担当”，长大了自然就会有责任心。

因此，家长培养孩子的责任心，不妨从生活中的小事开始，让“责任”作为一种品质植根孩子的心灵。这样，才会培养出一个愿意担当、又能担当的孩子！

通过劳动培养孩子的责任感

生活水平一代比一代好，见识也是一代比一代广，从智商来说也是

一代比一代更高，孩子从长辈那获取的关爱也是越来越多，如今四个老人、一对父母疼爱一个孩子的现象已是不争的事实，可这种家庭环境下教育出来的孩子，却很容易好逸恶劳，凡事漠然。试想，一个不爱劳动的孩子又怎能积极主动地做其他事情？那些从小就主动自己打扫卫生的孩子，在参加班级及校内外活动方面都表现出高度的责任感。家长不光要让孩子学习好、身体好，更重要的是要让他们从小具有承担责任的良好素质，长大后才能承担起对家庭、对社会的责任。

曾经看到过这样的报道：几位求职者面对主考官提问时，侃侃而谈，但经过考场门口时，却因为没把横在门口的一把扫帚扶起来而遭淘汰。主考官事后说："从一把倒地的扫帚可以看出这个人是否有爱心，能否为别人着想，小事都不愿做，又何谈做好工作？"

的确，通过是否热爱劳动，就能看见一个人的责任心的强弱。其实，不爱劳动的孩子在当今社会并不少见，这样的孩子怎能担当得起未来家庭的、社会的责任？

通过劳动，可以培养孩子的责任感。其实，好逸恶劳，本来不是孩子的天性，而是家庭教育的结果。一般来说，家庭教育中很容易就忽视了劳动教育，甚至还要轻视劳动的价值，不少家长只是认为孩子上学就是学习知识，就是为了上大学，从而脱离劳动。我们都知道，孩子很小的时候，刚刚会动作，就想做点什么。我们会看到很多孩子会跟在父母的跟前忙前忙后，可往往不是得到表扬，而是受到指责，埋怨碍事、添乱。其实，能够做点什么就是体现人的价值，人都是要从自己所做的事情当中体现出自己存在的必要和价值来的，培养孩子的责任感，进行劳动教育，也正是从这一点入手。

我们都知道著名的魏书生老师，他曾经带过一个所谓刺头儿的学生，转到他班的时候，第一次和学生谈话，魏书生让这个学生谈谈自己的优点，这个学生说自己没有优点，全是缺点，打架骂人、不好好学习、不遵守纪律等。但魏书生一定让他找到自己的优点，学生想了几天，好不容易想到“自己的心眼好”。魏书生老师就借着这一个“好心眼”大做文章，引导学生想，如何能够让同学们都感觉到自己的“好心眼”。后来这位学生想到，自己可以为班级修理桌凳，得到老师的肯定后，这位同学就整天地检查同学们的桌凳是否坏了，如果发现有不好的，就马上修理。后来，魏老师不仅肯定了这个学生为班级做贡献的光荣劳动，还引导学生遵守纪律、热爱学习，不仅成为班级中的优秀学生，学习成绩也进入班级前五名。

魏老师教育这个学生的开始，就是从劳动方面加强孩子的责任感，家长在教育孩子的时候也要这样，帮助孩子树立“劳动光荣”的理念和态度，让孩子进行一些身体上的“折磨”，具体说来，家长可以这样做：

（1）孩子还小时，要建立生活自理的能力，慢慢长大的过程中，要学习承担一些家庭劳动。父母可以根据孩子孩子的年龄及能力，向孩子布置一些任务，随着孩子年龄的增长，赋予他们的责任也该相应增大。例如上幼儿园的孩子要学会自己穿衣服、吃饭，帮妈妈拎购物袋；七八岁的孩子要学会自己收拾房间，自己叠被子，整理、修补自己的玩具、图书，帮助摆放全家用的餐具，饭后扫地、倒垃圾，打扫楼道等。不论是什么任务，父母都应该用孩子能理解的方式给孩子讲明，使他意识到自己有责任将它做好。

（2）劳动的时候孩子表现得如何，家长要记在心里，尤其要想一想，要肯定的是哪些方面，应该提醒孩子注意的又有哪些，当孩子体会到劳动的快乐、获得家长的肯定的时候，能从劳动中获得自我价值的肯定，同时，也有了“要把一件事做好”的意愿，这就让孩子形成了一种责任意识。

（3）家长要让孩子明白，一次没有做好，没有关系，关键要引导孩子思考以后该怎么做，让孩子劳动，不是单纯地为了劳动，而是一种教育，教育就不能指望一事一时一地，要逐渐让孩子生形成规矩，养成习惯。我们不要期望一次的劳动，孩子就会有所提高，这时候的责任感就转化成了一种“能担当”的能力。父母必须有这样的意识，有些事情虽然父母可以做，也要让孩子坚持自己做。比如让八九岁的孩子去给奶奶送东西，告诉孩子，这一周爸爸妈妈很忙，你去替爸爸妈妈买些东西给奶奶送去；让孩子了解一些父母的忧虑和难处，提出一些问题，引导孩子独立思考和选择，大胆发表自己的见解，感到家庭的美满幸福要靠爸爸妈妈和自己的共同参与，等等。

简言之，只有家长给孩子劳动的机会，让孩子树立一种责任感，然后教会孩子承担的能力，孩子才有承担的可能，这是一个循序渐进的过程。这一点，家长必须要学会逐步放手，给予孩子相应的机会和信任，孩子的责任心就会循序渐进地培养起来。如果家长不懂得及时放手，孩子克制自己积极向上的一面，变得越来越冷漠，心怀敌意而难以管理，孩子的责任心也就逐渐丧失了。

教会孩子做一名合格的家庭成员

每一个孩子身上都寄托着家庭对他的无限期望，要成长为一个独立的人，孩子都要学会对家庭负责、对生养他的父母负责。爱心应该是双向的，父母应该让孩子知道他对家庭、对父母还负有责任。作为家庭中的一名成员，孩子既应该享受权利，也应承担一定的责任，包括建立家庭中的岗位，承担一定数量的家务劳动。如果一个孩子在家庭层次的责任心难以确立，将来走上社会也难以向社会层次的责任心过渡。

有一对双胞胎姐弟，当他们回答别人的询问时，总是姐姐回答，弟弟只是做些简单的补充，姐姐的性格大方开朗，并且很有责任感，弟弟则性格内向、腼腆，有些胆小怕事。这两种不同性格的背后，则是奶奶常对他们说的一句话："你是姐姐，要爱护、保护弟弟，这是姐姐的责任。"正是姐姐的责任，让姐姐从小担起保护人的角色，而弟弟则是被保护人的角色，不同的角色，造成了二人不同的个性品格。

姐弟俩接受的是不同的培养方式，姐姐总是充当保护弟弟的角色，让这个小男孩有依赖感，胆小怕事，这样的孩子很难有责任心。而责任心是孩子健康成长的基石，也是孩子成为一个合格的社会人的最基本的条件之一。这样没有责任心的孩子，他的成长是不完整的，而这份不完整，将会极大地限制他将来的人生走向和生活模式。时下很多家长都是如此，越俎代庖，包办一切，使孩子产生依赖感。在培养孩子的责任感方面往往有这样一个误区：孩子小的时候，父母会认为孩子小而把所有的事都包揽，使孩子失去了主动、独立做事的机会。一旦孩子长大，到了小学高年级或是中学，想让他独立地做一些事，并有责任感，这时孩子却并不具备责任感。于是，父母开始埋怨、着急，认为孩子不懂事，自己的辛苦没有得到回报。

家长要让孩子明白，他必须做一名合格的家庭成员，承担起家庭的一部分责任，这样，他才有能力在未来的家庭生活中承担起相应的责任。那么，家长应该怎样才能从家庭开始，培养孩子的责任心呢？

1.给予孩子充分的信任

当孩子被信任，被认为有能力并被接受的时候，他会关心更多的事物，没有什么比信任更能促使孩子建立起责任感了。反过来，信任的缺失最终也必将导致孩子责任感的缺失。

生活中，很多家长处处对孩子包办代替，这不是在帮助孩子，而是在坑害孩子。家长毕竟不能包办孩子的一生，当孩子走入社会、独自面对风雨的时候，谁来替他包办呢？他们总认为孩子还小，处处不放心，给予孩子过度的保护，什么事都替孩子安排好、处理好，不让孩子做任何事情，替孩子解决所有的问题……包办的背后其实是对孩子的不信任，而这样的孩子，其责任感在萌芽状态就被抹杀掉了，又如何期待他们“顺理成章、水到渠成”地承担起责任呢？

2.家长要以身作则，尽好自己做父母的责任

家长自身对家庭、对社会的责任心如何，对孩子来说是一面镜子，父母的责任心水平可以折射出孩子的责任心。一个对家庭、社会毫无责任感的父母，不可能培养出有责任心的孩子。

家长要给孩子一个好榜样。父母在孩子心目中一般都具有绝对的权威，所以父母的言行举止对孩子的影响是深远和巨大的。一个在生活中处处表现得不负责任的父母，即使想教育孩子做事要有责任心，孩子也

会很不服气，很不以为然。反之，如果对待学习、工作都是很认真负责的态度，孩子也会耳濡目染。此外，父母可以时常有意识地与孩子谈自己的工作，把自己完成一项任务、克服一个困难后的愉快和成就感传达给孩子，使孩子能具体地感觉责任意识在生活中的重要性，从而主动、积极地养成责任习惯。

3.让孩子养成动手的好习惯，自己的事情自己做，还要承担一定的家庭劳动

责任心的培养要通过孩子自身的实践体验，家长越俎代庖是无济于事的。有的家长代孩子整理书包，帮助孩子检查作业，这是责任心的“错位”和“越位”。让孩子自己承担应该做的事，孩子才能懂得上学读书不是个人的私事，而是对家庭和社会的一种责任。

对孩子家庭责任心的培养还应该大处着眼、小处着手。要让孩子在家庭岗位上感受责任的分量，倒一次垃圾、洗一块手帕都应给予表扬鼓励，失责时应给予批评和惩罚。只有这样，才能让孩子走出自我中心，强化对他人和周围环境的责任心。

总之，父母可通过鼓励、期望、奖惩等方式，督促孩子履行职责，培养责任心。父母包办代替，其实是剥夺了孩子为家庭承担责任的机会。为了让孩子坚强起来，父母有时要心“狠”一点，让孩子在承担责任中磨炼、成长。对家庭负责的意愿和能力，是从小培养起来的。放手让孩子承担一定的家庭责任，这会为孩子将来的发展打下一生的基础！

让孩子学会承担

在一个人的成长过程中，每个人所要学习的东西很多。其中学会承担责任，是孩子人生成长过程中必经的一个重要步骤，是人生旅途中非常重要的一堂课。而这堂课，就需要家长给孩子上。因为责任感不仅要让孩子有责任心，还要让孩子勇于承担责任，这才是教育之根本目的。

然而，我们发现，在孩子的教育问题上，不少家长都感到很头疼。出于对孩子的疼爱，有些家长，尤其是爷爷奶奶、外公外婆，往往会一味怕孩子承担责任，而忽略孩子所犯的错误，甚至纵容孩子。让孩子长大后成为一个正直、有所担当的人，家长的责任重大。父母应该让孩子知道什么是对的、什么是错的，什么可以做、什么不可以做。尤其是孩子犯了大错时，父母要勇于承担自己做父母的责任，为孩子做出很好的榜样，让他们明白做错事就要承担责任，要知错就改。为孩子包揽一切，甚至是过错，这不是爱孩子，而是害孩子，在教育孩子的方法上这是个败笔。

那么，家长应该怎样教会孩子承担呢？

1.让孩子做事有始有终

孩子好奇心强，什么都想去摸摸、去试试，随意性也很强，经常做事虎头蛇尾或有头无尾。所以交给孩子的事情，家长要有检查、督促以及对结果的评价，以便培养孩子持之以恒、认真负责的好习惯。

2.让孩子学会做自己不喜欢做的事情

英国王储查尔斯曾说：“有很多事情我们都不喜欢做，但我们不但要做，而且要做好，这就叫作‘责任’。”“做好你不愿做的事情”是人成熟的标志之一，这话不假，没有兴趣也要用心去学，绝不可放弃，这依然是责任。

生活中责任处处存在面对不可推卸的责任，家长应该教育孩子以积极的态度，全身心地投入，主动承担责任。

3.有意识地为孩子设置一些生活障碍，让孩子自己担当

有一天，门铃响了，这家主人汤姆打开门，见一个小男孩站在门前，他自我介绍叫亨利，并指着斜对面那栋漂亮的房子，告诉汤姆那是他家。然后问："我可以帮你剪草坪吗？"汤姆看着他那瘦小的身材，很难相信他能够剪这前院、后院面积颇大的草坪。不过，既然是他主动要求做，就点点头说："好啊！"

男孩很高兴地推来剪草机，开始工作。他把笨重的机器推来推去，剪得相当整齐。

完成工作后汤姆付给他10美元，好奇地问他："你挣钱做什么用？"男孩说："上个星期我过生日，爸爸送我半辆自行车，我要赚另一半的钱。如果下个星期再让我给你剪草坪，我就可以去买了。"

从那以后，汤姆家剪草的工作就给男孩承包了。慢慢地，附近几家的草地也都包给他去做……

在家庭教育过程中，只要父母掌握好"扶"与"放"的尺度，让孩子承担起他应负的责任，他就能在父母的牵引下走向独立的人生之路。

能独立担当责任，意味着孩子性格的成熟，家长在教育孩子的时候，应该做个有心人，帮助孩子从小事做起，从有责任意识开始，到能独立担当。这样，孩子的责任意识和能力才会上升，才会树立远大的理想，才能把个人的奋斗目标与国家、民族的前途命运结合起来，自觉承

担起时代赋予他们的历史使命。总之，教会孩子做责任的主人，信守承诺，勇担过错，学会反思自己的言行，更好地履行责任，他才会在承担责任中不断地成长！

帮助孩子克服经常找借口的习惯

每个人的成长是在不断错误、体会、反思、锻炼、学习中完成的，成长需要付出代价。人的一生也是从无助和依赖到独立担当，这是人类的心理成长过程。这个过程如果进行得不好，无论处于什么年龄，都会停滞在某一阶段而内心不能成长。

生活中，很多父母一看到孩子犯了错误或者看着孩子面临失败，就会非常心痛，然后把原因归结于外在，例如，刚刚学会走路的孩子，摔了一个跟头，站在一旁的妈妈会马上扶起孩子："都怨这块石头绊倒了宝贝，妈妈打它。"这样哄孩子的事，很多家长都做过，孩子的认知过程是在家长引导下完成的，喜欢找理由或借口来逃避责任是父母给孩子带来的恶习。这样的孩子不仅长大后难以担当大任，就是生活中的"小任"也可能承担不了。这不是爱孩子，而是抑制了孩子的人格发展，造成孩子经常找借口的坏习惯。俗话说"人非圣贤，孰能无过？"一个人犯了错误并不可怕，可怕的是不认识错误、不承认错误、不改正错误。当我们面对失败时，不要一味寻找借口，而应该实事求是找出失败的真正原因，这样才能进一步完善自己、提升自己、发展自己。

我们培养孩子的好性格，就是要孩子在不断磨砺的过程中形成一种完整的品格，如果没有这种磨砺的过程，孩子的品格就很有可能有不完整的地方，孩子会缺失很多能力，包括爱的能力。一切对他们的照顾，他们都心安理得，而不知道该怎样才能把自己的爱传递给别人，即便他们非常想去爱别人。

找借口除了无助于自己的成长之外，也会造成别人对我们能力的不信任。坦诚地面对自己的失败，拿出足够的勇气去承认它，不仅能弥补错误所带来的不良结果，而且能更好地得到别人的谅解。松下幸之助曾说：“偶尔犯错误无可厚非，但从处理错误的态度上，我们可以看清楚一个人。一个集体需要的是那些能够正确认识自己的错误、及时改正错误并加以补救的人。”一个敢于承认错误，承担责任的孩子才能在未来社会中成为一个合格的社会人。

那么，家长应该怎样引导孩子克服经常找借口的坏习惯呢？

1.以身作则

父母千万不能把这个恶习再通过“言传身教”传给孩子，让他们从小养成一个凡事爱找借口、缺乏自我反省意识和喜欢逃避责任的习惯。

每一个借口都是一个人不愿迎难而上的一条精神逃路。做家长的不要把一些过时的消极格言作为自己不求进取的借口，更不能让孩子学那一套，诸如什么“难得糊涂”之类的话。殊不知，这只是聪明人的“一声叹息”，而决不是鼓励糊涂人继续“一塌糊涂”下去！

2.学会倾听，让孩子积极地面对

孩子天生都是开放活泼、积极主动的。但很多孩子一犯错，家长不问青红皂白就先下一阵“冰雹”，他们哪还敢认错？倾听不是为了听他辩解和寻找借口，而是听前因后果，帮助他分析问题，告诉他错在哪里，该怎么办。错了就是错了，错了可以改，但是不能归咎于客观原因。客观事实是改变不了的，能改变的是你自己，是你自己如何去适应。

有句话说得好：成功者找方法，失败者找借口。可以这样说，一个人成熟的程度，最简单的方法可以用担当责任的程度来度量。不找客观理由而能及时反省自己，这一点也是要从小培养的，它和建立自信其实并不矛盾。事实上，越是有能力反省的人，越是有自信的人。

家长不能什么事情都替代孩子做，这并不是爱他，因为帮孩子做不了一辈子。唯有让孩子去解决更多的难题，训练子担当的能力，孩子的心智才能健康发展！做到以上这些，才能养育能为自己行为负责的孩子，孩子才不会为自己的失败或者错误找借口，也会变得越来越成熟！

允许失败，不做扼杀孩子责任感的杀手

我们教育孩子，要对孩子的意志和能力加以磨炼。生活中，很多家长已经意识到它的重要性，这毋庸置疑也是正确的培养孩子的方式，但事实上，很多父母却片面理解了它的含义。

生活中，我们常常听到这样一些语言："傻瓜！骗子！不中用的东西！废物！"

（1）侮辱——你简直是个饭桶！垃圾！废物！跟你那笨爸爸一样！

（2）非难——叫你不要做，你还要做，真是不可救药！

（3）压制——不要强词夺理，我不会听你狡辩！

（4）强迫——我说不行就不行！还敢顶嘴！

（5）威胁——你再不学好，妈妈就不爱你了！滚出去！

（6）央求——我求你看一会儿英语吧，儿子！

（7）贿赂——只要你这次考100分，我就给你1000块零花钱。

这些语言都是对孩子破坏性的批评，很容易让孩子产生逆反心态，让孩子放弃关心他人，变得厌烦一切、难以管教并产生学习问题。在这个过程中，孩子的责任意识也就流失了。

小张是个学生，他的父亲为了锻炼他的意志品质，在每次小张犯个极小的错误后都教育他说："你第一次犯错我不打你，但是如果第二回又错了叫我怎么原谅你呢？"可是小张毕竟太小，第二回、第三回还是没做对，父亲就会教育他说："你看你以前犯错我都没打你，可是你这回又错了，要是再不打你怎么让你进步呢？"刚刚懂事的小张，每次到这时就羞愧万分，觉得自己真是错了。

小张爸爸的这种教育方法到底好不好呢？他到底培养起小张的意志品质了吗？经过爸爸这样教育的小张，在学校里总是唯唯诺诺，显得很胆小。而且老师一说他就哭。他好像并没有出色的意志品质。

小张爸爸的这种做法可以遏止孩子犯错误，但从某种角度看，这样的家长却是扼杀孩子责任感的杀手，因为孩子是不能被打成胆大的，而是越打越胆小。孩子也不可能被打得不犯错误，而是越打性格问题越多，孩子也就没有勇气去承担，所以，如果不允许孩子犯错就是不允许孩子成长，成长总是要犯错的，如果一犯错就被惩罚，会导致孩子不敢犯错，干脆不去尝试新知识、新领域，以避免尝试中犯错了挨打，这样教育出来的孩子，创造力差，胆小怕事，更谈不上为自己的行为负责。

对于孩子的错误，大凡可分为两种，一种是必须立即纠正的，如乱丢垃圾、欺侮弱小等。这类错误，一旦放任，就难以收拾。而另一种，即孩子能够自行纠正的那一类错误。这类错误，应该允许犯一犯。孩子不断犯错误的过程，其实正是不断承担错误、改正错误、学习技能的过程。假如不给他这类机会，非但剥夺了孩子寻求正确方法的乐趣，也会使他们变得懒于动手、养成依赖父母和不负责任的坏习惯。

每个人都难免犯错误，怎能苛求孩子不犯错误？我们应将孩子犯错误过程中的不利、消极因素转化为有利的、积极的、合情合理的因素，多给孩子“尝试—错误—完善”的机会。家长过分地照顾帮助、一味地指责惩罚，恰恰牵制了孩子想象力的发挥和拓展，最终反倒有碍于他健康成长。那么，家长该怎样面对孩子犯错呢？

1.改善一下家庭的互动模式

孩子越是“屡教不改”，家长越是提高警惕。这是典型的“警察”与“小偷”的家庭互动模式。家长时刻绷紧神经，努力监督，一有错误就冲出来指责孩子。这样，除了让孩子自信心降低、反复出错外，收获的只有着急和不解。改善一下家庭的互动模式，就要求家长找一点喜欢的事情做，在孩子出错时，用朋友的语气告诉孩子：“其实我小的时候也容易犯这样的错误，但通过努力，我相信你是一定能改正的。”

2.改变一下家长的教育观念

错误是最好的老师，犯错误后孩子自己往往能够找到解决的办法。没有错误孩子就不会健康地成长。家长对孩子的完美化要求，只能让孩子变成温室内的小花，他们长大后往往不能适应社会的风雨。家长只有有意识地让孩子接受他应该承受的挫折，孩子才会学到他所真正需要的东西。

3.改用一种有效的教育语言

国外的心理学家讲，孩子在成长中需要得50000次的鼓励和欣赏，才成为一个高自尊的人。针对孩子自信心不足的情况，与孩子互动中，家长将指责的教育语言改成鼓励赞赏的语言是解决问题的关键。父母要允许孩子犯错误，善于从错误中既看到不足，又看到孩子潜在的能力。父母的一句“我相信你还会把事情做完做好的”，会极大地增强孩子的自信心，促使孩子养成积极、认真、严谨更敢于承担的做人处世的态度。

在运用这类语言时应该注意如下问题：主语用我；针对具体的行为；发自内心的鼓励赞赏；从不同方面和不同角度。孩子一旦自信心提高了，认为自己有很多优点了，问题也就得到根本的解决了。

所以，要允许孩子犯错，孩子正是在一遍遍犯错中成长起来的，这样教育孩子，孩子才可能心理健康而完整。父母在教育孩子的时候，要对孩子做的事情以肯定和鼓励为主。很多父母只考虑到怎样让孩子越来越好，而不能接纳孩子犯错。事实上，孩子年龄小、经验不足、考虑问题不周全，在做事的过程中，难免会出现一些失误，因此父母对孩子各个年龄容易出现的问题应该有个心理准备，在他出现问题的时候能够与他心平气和地谈。父母应该意识到，孩子犯错误是一个学习正确的过程，如果孩子能够把错误摆在面前，愿意承担责任，改正错误，反而是一个值得父母骄傲的好孩子！

第6章

自信为人，为孩子积累足够的自信

生活中，不少的孩子即使面对比他弱小的对手也会退缩不前，即使自己的玩具被抢走也不敢要回来……这样的孩子，实际上是把自己放在失败者和自卑的假象里，这种孩子未出征先言败，又何谈将来的成功呢？孩子良好的性格取决于父母正确的教育方式。为此，我们教育孩子，就要努力培养积极、自信的孩子。这就好比灿烂的花，要精心滋养、周到给予、细致呵护，才会弥久散发脱俗的芬芳。这样的孩子，才能适应以后竞争激烈的社会生活！

自尊才能自信，父母必须维护孩子的尊严

自尊是人活于世的根本，自尊才能自信，才能自强，对于孩子来说，懂得自尊，方能自信。父母无法给孩子天使的翅膀，但一定要给孩子尊严并维护这种尊严，这样才能培养一个骄傲、自信的孩子！

我们说的教育孩子，其中重要的一点就是要让孩子做个自信、骄傲的人，这不仅是要给孩子优越的生活环境，让他接受好的教育、开阔他的视野，增加他的阅世能力，增强他的见识，还要让孩子以健康的人格和心态去迎接未来的社会，这其中自信必不可少。让孩子做到自信，就必须要让他有自尊心，而这种自尊心的培养，正需要父母主动沟通。

可是生活中，一些父母误解了教育孩子的真实含义，他们认为只要给孩子最好的物质，他就会幸福，当孩子情绪不对或者陷入困境时候，不是采取鼓励的措施，而是打压或者生硬的斥责；也有一些父母，总是希望自己的孩子能按照自己的意愿行事，结果导致孩子叛逆、自卑等，其实，这都是对孩子的不尊重，也伤害了一个孩子作为人的尊严，要想让他成为一个真正骄傲、自信的人，父母就不要忘记给足他尊严。那么，具体说来，父母不妨从这些方面入手。

1.尊重孩子的个性

每个孩子都是与众不同的，如同我们不可能找到两朵相同的花儿。每个孩子都有不同的感受事物的方式，思维的方式、学习的方式、享受的方式。正是这些“个别的特性”使他成为“独特”的人。

因此，父母要尊重孩子的个性，就应该对其内在品性的各个方面进行更为明确的理解，真正了解孩子，这样才能根据其个性打造其独特的人生，让他更自信的生活。

例如，父母对孩子的看法，通常都很绝对，非白即黑。他们要么是“表现不错的”“成功”的，要么就是“有问题的”或“不可救药”的。要想孩子始终快乐和自信，父母必须视孩子为拥有多侧面、多色彩的多种正面人格特质和能力的人。

2.尊重孩子的喜好和兴趣

正如上面所言，每个孩子都是不同的，因此好恶也是不同的，家长要了解他的好恶——他喜欢吃的东西和不吃的东西，他最喜欢的运动、课余消遣和活动，他喜欢的衣服，他的特长，他喜欢逛的场所以及最有效的学习方式。迎合孩子的喜好，才能让孩子接受家长的培养方式，也才能更自信。

3.尊重孩子的观点，如多和孩子交流，听听孩子的心声

人们总认为，年幼的孩子比较“顺从听话”，他们喜欢讨人欢心，服从他人。不应该利用孩子的这一特点，相反，应该着力强化孩子的个性和自我意识。当孩子进入儿童时期以后，在他们探求自己是谁之前，他们会从否定的角度——自己不是谁——来定位自己。这时，他们大多会拒绝接受父母的价值观。这时父母就更需要倾听孩子的心声。

4.尽量少批评、多赞扬你的孩子

（1）在批评孩子的某一具体行为前，先想想他的优点，以帮助你对他持有积极乐观的态度，并让批评明确具体。

（2）不要使用“好”或“坏”来评价他的行为，因为他会将此视为你对他的印象。取而代之，你可以谈论你喜欢或者不喜欢他的哪些行为。

（3）在你表达不认可之时，可以以 “刚才，我发现你……”的方式来开头。

以上这些方式都是父母应该学习的，孩子的自尊是需要父母来悉心呵护的，用正确的方式来与之沟通并引导他的行为，才不会伤他自尊，这也是让孩子维持自信的最佳方式之一！

鼓励孩子在陌生人面前大方表现自己

父母都希望教育出在人前人后都落落大方、自信十足的孩子，这样的孩子才懂得如何不卑不亢的待人接物。如何面对胆小怕羞、不自信的孩子，是困扰许多父母的常见问题，也是父母急于得到答案的问题。而解决孩子胆怯的一个重要方法就是，让孩子在陌生人面前大方的表现自己，这也有助于开阔他的视野，增加他的阅世能力，从而大大增强他的见识。

当然，父母在让孩子学会大方表现之前，要先分析出孩子胆小、不自信的原因，然后才能对症下药。严格地说，胆小害羞是孩子进行自我保护的自然行为，随着年龄的增长和与外界接触次数的增多，胆小害羞的行为就会越来越少。但是也有些孩子四五岁或者小学几年级了还是很胆小、很怕羞，这个时候家长就应该重视、要想办法纠正了。一般来说，造成孩子胆小怕羞的原因主要有以下几种情况。

1.幼年时候与外界接触比较少

其实，孩子天生是敏感、害羞、多疑的，但后天可以改变。我们见到的一些胆小怕羞的孩子，多数是婴幼儿期由爷爷奶奶带，不常见生人、不常和小朋友一起玩耍的孩子。一般在校园里长大的孩子都比较胆大、放得开。所以，家长就要多带孩子和外人接触，让孩子多见世面，多和小朋友一起玩耍，多参加集体活动，这是纠正这类孩子胆小怕羞的好方法。

2.家长不正确的教育

很多家长错误地把孩子的胆小怕羞当作一个大的缺点来对待，急于纠正，但又方法不当。常常人前人后地提醒孩子，有的还强迫孩子在陌生人面前表现自己，当孩子不肯表现的时候，为了给自己一个台阶下，又当着别人的面说孩子胆小怕羞。这样不但不能纠正孩子的胆小怕羞，反而会加重孩子的内心体验，使孩子变得更加胆小怕羞。

4岁的菲菲是个胆小怕羞的孩子。一天她随妈妈出门，遇见妈妈的一位朋友。妈妈与朋友攀谈起来，菲菲胆怯地躲在妈妈身后，低头吸着大拇指。妈妈说："菲菲，这是丁阿姨，问阿姨好。"菲菲只是抬头看了阿姨一眼，就又低下头，继续吸她的手指。妈妈好言相哄，让菲菲走过来，但菲菲只是摇头。妈妈感到尴尬，可又不好在朋友面前发作，只好向她的朋友道歉说："菲菲是个胆怯的孩子，我想她是不好意思。"

妈妈这么一说，无疑强化了菲菲的胆小怕羞。

3.家长对孩子过于严厉

有些家长对孩子过分严厉，久而久之，使孩子畏惧家长，敏感于别人对自己的评价。孩子对自己的一言一行非常重视，唯恐有差错，这种心理导致他们在与人交往中表现得不自然、胆小怕羞。

以上这些情况都会造成一个不大方的孩子的出现，他们自己信心不足，对自己在学习和其他方面的能力做出偏低的评价，做事谨小慎微，由认知上的偏差发展为自卑的人格，表现在外部就是胆小、害羞、孤独、沉默寡言。基于这些，家长要营造愉悦、和谐的家庭气氛，消除孩子的紧张情绪。要多鼓励、少批评，要抓住孩子的闪光点进行表扬，帮助孩子克服自卑，鼓励孩子勇敢地表现自己、张扬个性。这样就能使孩子克服胆小害羞的习惯，变得大方开朗、热情阳光。这样的孩子就能在陌生人面前大方表现了。那么，具体说来，家长要让孩子自信的“登场”，还需要做到以下几点。

（1）“巧”邀请。平常我们习惯说：“宝宝来为大家表演一个吧！”或是“给大家唱首歌！”不管我们的巴掌拍得有多响，对孩子的尊重度都是不够的，只要换成“宝宝，爸爸想邀请你为大家表演，你觉得是讲个故事还是唱首歌呢？”这句话，用真诚尊重的态度巧妙地运用二选一的方法，引导孩子快乐地选择，巧妙地用语言为孩子指引行动的方向。

（2）营造家庭晚会的氛围，创造表演的机会。晚会的时间是固定的，可以每周定一次或一个月定一次，每个成员都必须出一个节目，当然可以是几个人一起表演小品或情境剧，形式多样朗诵、游戏都可以。让孩子在与家人游戏中，享受亲子时光，热爱表演。

（3）家长以身作则，提供有效的“模仿源”。身教对孩子的影响永远比言教要大，可生活中光说不练的家长还是不少的，要注重自己跟人交往的方式，在活动中注重提高自己的参与度和热情度。

这样，孩子就不会出现“拒演”的这种情况了，让孩子在陌生人眼前大方的表现自己，通过表演来提升他的自信心，就能提高孩子的社交能力，大方与人交往，获得自信心态。

告诉孩子懦弱与忍耐的区别

在传统教育中，忍耐和礼貌、尊老爱幼等内容一起，都作为一种美德教育传授给孩子。其实，即使在现今社会中，学会忍让仍然是一种美德，重要的是，父母应该智慧地教育和引导孩子，在谦逊知礼的同时，还应有自信心和竞争力，以适应今后的社会生活。

古人云：“识时务者为俊杰”，审时度势是每个人生存、生活的必修技能。真正的强者能屈能伸，明白内外环境和因素对自己的影响，明白自己的境遇，能找到自己的立足点，从而忍耐并静心地去等待，创造利于已的条件，在最佳时机出击，并最终获取成功。

孩子在未来社会都要参与竞争，适当地学会忍耐能让孩子冷静地剖析对自己有利与不利的因素，并去争取和创造更多对自己有利的条件，为自己的腾飞“蓄势”。能忍耐的这种意志力，需要家长的从小教育，但忍耐不是懦弱，懦弱是不自信、胆怯、丧志，甚至于逃避；忍耐则是暂时的，为的是能找到更好的“突破方向”。家长必须要告诉孩子懦弱与忍耐的区别，让他适当地把握这中间的尺度，在未来社会竞争中伺机而动。

父母若想把孩子教育成未来社会的强者，避免懦弱性格的产生，就需要让孩子有足够的自信。一个自信的人，当自己的权益被人侵占时，绝不会坐视不理，他有着强烈的“维权意识”。而相反，一个从小生活在父母的拳打脚踢中长大的孩子总是心怀恐惧，如有的家长经常用一些刺激性语言吓唬孩子，给孩子讲“鬼怪”故事，本来是想让孩子听话、老实，没想到却生成了孩子性格上的缺陷。还有的家长虽然意识到了吓唬孩子不对，却又走到了另一个极端。当孩子表现出胆小或害怕时，家长又表现出过分的关心和爱护，把孩子紧紧地搂在怀里千哄万哄，不离左右，为他忙前忙后，甚至把平时孩子最喜欢的吃的、玩的一并送上，想借此打消他的懦弱心理。

那么，父母到底怎样让孩子明白懦弱和忍耐的区别，让孩子既能自信，又不飞扬跋扈呢？家长不妨做到：

（1）当孩子感到害怕、凡事退缩时，家长要多加鼓励。要明确孩子怕什么，针对孩子所怕的事物进行科学地解释和适当地安慰。家长平时也要有意识地从正面对孩子进行勇敢教育。可以给孩子讲一些少年勇敢的故事，以激励孩子锻炼自己胆量和意志的决心和自信心。

例如，孩子不敢一个人去厨房或者厕所，家长就可以训练他单独去干点什么，“去帮妈妈把厨房里的杯子拿来，我急等用。”一般懦弱的孩子在晚上天黑之后，听到让他去厨房，就会有些犹豫，如果家长说些“别怕，那儿什么都没有”之类的话，或者见孩子有些犹豫就干脆大声斥责“胆小鬼”，只能加重孩子的害怕心理，让他觉得干这件事很发怵，孩子需要用温柔的方式去呵护，而不是“摧残”，家长需要换一种说法，用很平淡的语气对孩子说：“我要蓝色的那个杯子。”或者“请你帮我把两个杯子全拿来，我等着倒水呢。”孩子的注意力就会转移到你让他干的事情上，“拿几个，什么颜色的”而不会在意去哪儿，那个地方怎么样。当孩子回来后，家长应给予口头奖励和物质奖励，增加他的自信心和荣誉感。尤其是当孩子主动表现出勇敢和其他正常的胆大的行为时，家长更应该及时鼓励，这样通过反复强化训练，孩子的胆小懦弱就会逐渐被纠正过来。

（2）当孩子的“权益”被“侵犯”时，家长要正确地引导，告诉他可以忍耐的限度。例如，当他被别的小朋友欺负时，要让他学会和别人理论，理论无效时，你不妨放手，让他用孩子之间的方式解决问题，要有意识地忽视他这种不满的情绪。

（3）很多懦弱的孩子都属于环境适应能力较弱型，这可能和他的性格有关。这些孩子大多性情沉静、沉默寡言，虽然易形成勤勉、实事求是等优点，但也可能发展成消极、懦弱等倾向。在长辈的过分疼惜下，孩子穿衣洗脸、剥鸡蛋等小事都被家长包揽，这剥夺了孩子社会化发展的机会，这是造成孩子性格懦弱的主要原因。放手让孩子成长，是解决这个问题的关键。

（4）在强化孩子的自信、克服他的胆小懦弱时，不能操之过急，也不能采取压制的手段。有些家长“恨铁不成钢”，整天大声地斥责孩子，“你怎么这么废物”“胆小鬼”，结果孩子受这种消极暗示的影响，会更觉得自己不行，什么都不敢做，哪儿都不敢去，胆子会愈发变小。

家长应该多想些办法，在自然、宽松的环境中，使孩子的潜意识发生变化，由于这种变化是在无意识中进行的，孩子易于接受且效果比较好。

克服孩子的懦弱心理，是让孩子自信的根本目的，但同时，也要让孩子学会忍让，“海纳百川有容乃大”，会忍耐的孩子才拥有大海般宽广的胸怀，才会在未来生活中用人格魅力征服别人，才会成功、得到尊重，生活才会更美好！

如何防止孩子因受挫而失去自信

对孩子进行挫折教育是有必要的，有利于孩子坚强个性与性格的形成，但父母还需要注意挫折教育中的重要一环，那就是增强孩子受挫后的恢复能力。父母创造条件让孩子经受挫折是挫折教育的一种方法，但是屡次的挫折也会让他们失去自信。所以，父母还要引导孩子学会正确地面对挫折，培养孩子受挫后的恢复能力和自信心。让孩子在将来的生活中独自面对挫折时，能够处之泰然、永远乐观。

可能很多父母有这样的想法：“他的心事为什么这么重？我怎么才能让他恢复到以前的状态，还有，怎么能够培养他遇到挫折也不灰心，能够克服困难呢？我不希望他遇到一点小小的挫折就心事重重、情绪低落，我愿意他做一个开朗坚强的孩子。”

孩子遭遇失败挫折，情绪低落时，父母切忌以怜悯的态度对待孩子。心痛地抱着孩子长吁短叹，或是从此把孩子呵护得更紧，都是不可取的方法。正确的做法是让孩子明白人人都会经历失败挫折，从失败挫折中学习、吸取经验教训，从受挫的痛苦中解脱出来，找出战胜失败和挫折的方法。

具体说来，可以这样帮助孩子增强受挫后的恢复能力。

美国的心理学家曾经教给父母一个叫作“3C”的办法来帮助孩子们度过困境。所谓“3C”是指control（调整）、challenge（挑战）和commitment（承诺）。

“调整”是为了帮助孩子了解“困难并不等于绝境”——“我知道没评上小红花你很不高兴，但我相信你下学期会更努力，就一定能得到小红花，可能还能评上‘好孩子’呢。”

而给孩子“挑战”的感觉则是为了让他学会在不高兴的事情中看到快乐的一面——“转到一个陌生的幼儿园是很让人不开心，但我知道你不管到哪里都能交到很多好朋友。”

最后一条是“承诺”，用“承诺”的方式帮助孩子看到生活更为广大的目的和意义——“爸爸没来看你跳舞你一定很伤心，但我们都知道爸爸希望你能跳得非常非常好。”

对于儿童而言，困难和挫折是在所难免的，如何引导孩子，从挫折后的失落情绪中走出来，进行心理调整和心理恢复，是家长必修的一课。

当孩子面对挫折时，家长要及时对孩子进行心理诱导，从尊重、关心孩子的角度出发，同情、理解孩子，用孩子的思想谨慎地接触他们的心灵，别让孩子长时间处于受挫的心理状态下，以免造成一些悲剧。

另外，针对不同的挫折情况，可以适当教授孩子一些抗挫折的方法，让孩子从挫折中站起来，自尊自信，自我解脱，去创造未来。

1.引导孩子合理释放

发现孩子受挫后，家长要采用适当的形式，让孩子宣泄受挫的苦闷心情，不要让孩子把苦闷压在心里。家长也可以用交谈或书信的方式提醒孩子，向亲人、老师、同学或朋友倾吐内心的压抑之情，取得他们的理解和帮助，以缓解心理压力。也可以鼓励孩子通过写日记的方式，把心中的不快宣泄出来，从而理清思路、稳定情绪，维护心理的健康。

2.教孩子学习使用目标转移法

孩子受挫后情绪往往不稳定，常常被挫折所困扰，或是急躁易怒，或是闷闷不乐。家长可以引导孩子转移注意目标，消解他们的紧张心理。如陪孩子外出散步游玩、一起听听音乐或谈论他们爱好的足球、篮球明星等，来分散他们的注意力，稳定孩子的情绪，消散他们心中的烦恼，减轻孩子的挫败感。

让孩子知道父母永远是他的依靠

人活于世，都需要一种归属感。而对于孩子来说，最初的需求是感受到来自生育他的父母的爱。随着他不断成长、与社会的接触逐渐增多，他的归属感就更强烈，但在与人交往的过程中不免受到伤害，如被人不留情面地批评，使他感觉被人排斥、压力过大或者精神极度疲劳时，难免产生悲观情绪。此时，父母要让孩子知道你永远是他的依靠，永远是他的港湾。

成人在受伤时，或许可以一笑了之，但孩子是脆弱的，需要父母用心庇护，让孩子在失意、落魄的时候走出心理阴影，否则，他就可能到别的地方寻求归属感。他可能去向那些根本不想取悦他的人寻求庇护，并可能通过危险的非法方式获得乐趣和身份，那么，后果将不堪设想，很多儿童离家出走、误入歧途就是因为得不到父母的认同和慰藉。

那么，家长具体应该怎样去增强孩子的家庭归属感呢？

1.和孩子保持交流

交流沟通能力在促进人们社交健康、情感健康和个人成功方面起着关键作用。如果父母不与孩子交谈，意味着缺乏兴趣，孩子可能将之理解成对他的忽视。

孩子在生活中受挫的时候，需要父母的鼓励，否则会导致他产生严重的受挫感。家长应该接纳孩子的感受，孩子随之就可能学会接纳、控制、喜欢或者应对自己的感受。另外，家长也可以帮助孩子提出要求。比如对他说："我想你现在很难过，给你一个拥抱，你会觉着好点吗？"这样的话能让他放松地表达自己的想法："我现在心情不好，我来是想得到一些安慰。"

2.做孩子最后的庇护者

当孩子正处于困难时期，当他再也无法忍受、筋疲力尽无法继续佯装坚强之时，他需要一个藏身之所，某个地方，某个人，成为他最后的庇护所。在这里，他展示真实的自我；在这里——至少在很短的一段时间，没有人要他负责任，他被无条件地接受。在这里，他可以真正放松下来，因为他知道，有人愿意暂时分担他一时的负担，让他得到解脱，是他坚强的后盾。

父母显而易见应该是孩子最后的庇护所，应该成为孩子最后的庇护者，因为父母对孩子非常重要，虽然在某些时候或某种情况下，家长可能觉得自己缺乏足够的情感储备，不能为孩子提供其所需要的慰藉。这个时候，你不用对孩子说些什么或者做些什么，而应该好好考虑一下，除了你与他保持亲近外，他是否还需要你为他做些什么。要让他恢复对自己的信心，其实并不需要付出太多的努力。

（1）当你的孩子请求原谅时，请接受他抛来的橄榄枝，并尽力忘记那些不愉快的事情。

（2）为他提供庇护，并不意味着你永远对那些已经发现的有问题的行为视而不见、不理不睬。

（3）积极主动，想他之所想——预见他的感受，如果你认为他需要，主动给他以安慰。

（4）在没有压力的寻常时间里，找个机会开诚布公地告诉他，在他需要的时候，家永远是他最后的庇护所。

3.给面临压力的孩子以支持

压力不仅仅困扰着成年人，也困扰着孩子。孩子面临着双重的压力。一方面，他要承受来自自身生活中的事件，如欺凌、学业压力和交友问题的压力；另一方面，他还受到心事重重、缺乏忍耐的父母所面临压力的间接影响。面对压力，他们可能比成年人更加迷茫。

一位母亲说："我过去认为我女儿挺好的。尽管她孤独了些，但她看起来生活得不错。我的生活也还行。我们之间交谈不多。后来，在进行普通中等教育证书考试的时候，她开始逃避一切事情。如今她不学习，整天关在家里，也不说话。我们的生活真的是一团糟。"

这个女孩的表现就是压力过大造成的，如果你的孩子长时间地难过或者郁郁寡欢，超出了你的预期，或者变得富有攻击性，离群索居，睡眠不安，注意力不集中，或者过分依附他人，这时，他可能正经历痛苦难过，需要你对此采取一些行动。此时，你应及时告知他事情的变化及做出的决定，以便他感觉到没有失去控制。保持生活的常规不变，以强化他的安全感。

总之，父母要认识到，孩子正如花儿一样，需要父母的精心呵护；只有给予他足够的爱，他才会理解爱的内涵，才会积极健康、乐观向上地成长。做孩子坚强的精神后盾，他的成长才有保障！

多给孩子积极的心理暗示

有人说，孩子是父母的作品。父母希望孩子朝什么方向发展，孩子就会朝什么方向前进。生活中，一些父母为了让孩子长大以后谦虚为人，并取得更大的成功，他们在孩子很小的时候就给孩子一些消极的暗示，并在教育中一味地指出孩子的缺点，去强化它，孩子真的认为自己有那样的问题，孩子的心灵倾斜了。这种奇妙的心理暗示就是“罗森塔尔效应”。

罗森塔尔是20世纪美国著名的心理学家，他曾做过这样一个试验：

1966年，他来到一所普通的中学，并走进一个班级，在教室里随便转了一圈，然后就在学生的点名册上圈了几个名字，告诉正在上课的老师，这几个学生智商很高，很聪明。

几个月以后，他又来到这所中学，结果，令他惊奇的事情发生了，那几个被他选出的学生现在真的成为班上学习成绩的佼佼者。

为什么会出现这种现象呢？这就是“暗示”的神奇魔力。

事实上，我们每个人在生活中都会接受来自外界的一些暗示，有些暗示是消极的，有些暗示是消极的。对于孩子来说，他们最亲近、最信任的人是他们的父母，因此，父母对他们暗示的影响是巨大的，如果他们长时间能接受到来自父母的肯定、鼓励、赞许，那么，他们就会变得自信、积极。相反，如果他们收到的是一些消极的暗示，那么，他们就会变得消极、悲观。

著名的“罗森塔尔效应”表明，一个孩子能不能成为天才，取决于家长和老师能不能像对待天才一样爱他、教育他。我们再来看下面这位母亲是怎么教育孩子的：

夏雨是个可爱的女孩，但成绩却极差，尤其是到了小学三年级后，更成了班级中的后进生，这令她的父母很是头疼。她的妈妈对老师说；“自打孩子上学以来，我就被弄得心力交瘁了，她经常被老师留下，我为了她的学习辞了工作，每天为她做早餐、收拾书包、检查作业、辅导功课，但事实上，我的努力并没有多少效果，她一点也不听话，我真不知道该怎么办了。”

看着一脸无助的夏雨妈妈，老师说：“其实，夏雨是个聪明的女孩，只是她对学习提不起兴趣，所以自觉性才差，如果我们能换一种教育方法，多鼓励她，我想她会进步的。”夏雨妈妈仿佛一下子看到了希望。

后来，夏雨妈妈开始对女儿实行赏识教育，无论女儿考得多差，她都会鼓励女儿：“乖女儿，你这次好像又进步了点，后面的如果也像这样，该有多好，妈妈相信你。”夏雨露出惭愧又充满信心的表情。

除此之外，夏雨妈妈在孩子遇到学习中的问题时，也会将心比心地说："你会做这么多道数学题已经很不错了，妈妈那时候做数学检测，100题才能答对30题呢。"

后来，当妈妈再次去学校开家长会时，老师对她说："夏雨现在学习很努力，上课经常主动发言呢，她全新的表现，也让同学们对她刮目相看了，课间她不再独处了，座位边也围上了同学。"听到老师这么说，夏雨妈妈很是欣慰。

从这则教育故事中，我们得出，家长一定要好好运用"积极暗示"这个法宝。更从这里，可以发现，父母对孩子的期望态度一样会影响到孩子。如果你认为孩子是优秀的，那么，他就会按照你的期望去做，甚至会全力以赴让自己变得优秀起来；而反之，如果你总是挑孩子的缺点、毛病，那么，他就会产生一种错觉：我不是好孩子，爸爸妈妈不喜欢我，我好不了了。"你就不行"的牢骚让孩子振翅欲飞却难以相信自己会飞的迷茫。因此，家长积极的期望和心理暗示对孩子很重要。

儿童是处于生理、心理变化关键时期的特殊群体，他们尚未形成独立的自我意识，非常在乎他人对自己的看法。因此，对孩子进行"积极暗示"，尊重孩子，相信孩子，鼓励孩子，不仅可以及时发现他们身上的优点和长处，挖掘隐藏其身上巨大的、不可估量的潜力，而且能够缩短家长和孩子的距离，从而促进孩子健康成长。

第7章

刚毅勇敢：性格坚强的孩子才敢于直面人生风雨

父母深知坚强与勇敢这一优良性格对孩子的重要性。然而，现在大多数孩子都是在爱和自由的环境中成长，一些孩子一遇到困难或者失望就会哭，更谈不上有勇气自己调节和忍受，而那些没有那么多爱和自由的孩子，甚至是屡屡受挫的孩子却表现得更加坚强、更加勇敢，适应性和独立性也更强。事实告诉我们，要培养勇敢的孩子，就应该适当让孩子吃点苦，因为吃苦精神是一种意志力，是在独立自主基础上战胜困难的勇气和面对挫折的忍受力。具备勇气这一品质，孩子才能在未来社会的浪潮中激起浪花，才能直面未来的风雨！

让孩子接受并喜欢自己

我们每个人都是一个独立的生命个体，都有着别人无法复制的一些特征，孩子也是如此，而也正是这些特征，让孩子在父母心中有着无法替代的位置。一个人只有喜欢并接受自己，包括优点和缺点，相信自己是最棒的，才能在人生的路上勇往直前、无所畏惧。接受并喜欢自己，是建立自信和勇气的前提，这就需要父母让孩子从小在温馨和谐的家庭环境中成长，给孩子一个阳光积极的心态。

每个人都需要自我认同感，对于成长中的孩子也一样实际上，很多时候，自我认同感的缺失，是父母的教育造成的。例如，从小给孩子贴上 “弱者”的标签、把孩子的缺点当成娱乐的对象、对孩子大加指责等，都会让孩子有一种“无用感”和“自我否定感”，长期笼罩在这种心理状态下的孩子，是很难有勇气和自信的。

那么，家长该怎样做才能让孩子喜欢自己，然后逐步建立起勇气和自信呢?

1.让儿童喜欢自己的性别

这是最基础的，只有先获得身份的认同，才能让孩子以自己的身份生存、生活、与人交往，从而赢得一种自我价值的肯定，对那些不喜欢自己性别的儿童，家长一定要采取措施及时引导，有位妈妈是这样做的：

“我女儿从两岁时，就希望自己是个男孩，为了让女孩喜欢自己是个女孩，我首先带女儿逛儿童服装店，欣赏女孩服装，看到色彩鲜艳、款式多样的女童装，女儿恨不得让我把所有服装都买回家给她穿。我再带她到外婆家看表哥的衣服，一对比，孩子就发现：男孩的衣服不如女孩的好看。我说：‘要是变成男孩了，只能穿和哥哥一样的衣服了。’女儿似懂非懂地点点头。晚上洗澡的时候，我还对她说：‘我们女孩还很讲卫生，从来不随地大小便。’洗完澡，我给她穿上漂亮的裙子，让她照镜子，欣赏自己。我说：‘做女孩多好哇！妈妈帮你变成男孩吧，把你的漂亮衣服送给别的小朋友吧。’‘不要！’女儿急得叫了。”

这位妈妈是个有心人，女孩是公主，只有喜欢自己的公主，才会被人喜欢，才会有勇气和自信去赢得别人的认同。

2.扩大孩子的交友范围，赢得友谊，友谊对孩子极其重要

朋友经常分享孩子感兴趣的事物，陪他打发时光，为他带来快乐，让他建立身份认同。他会想：“和这样的人做朋友，我就是像他们一样的人。”真正的朋友在对方遇到麻烦的时候，不离不弃，为之提供支持。换言之，真正的朋友，对于他获得身份认同、建立自信、培养社交能力及给他带来安全感，都是非常重要的——如果他的朋友都是“良友”的话。

孩子与朋友关系密切，朋友几乎就是他个人的延伸。父母一定要明白，拒绝他的朋友，就是在拒绝他本人，这使得你想开口对他说他交错了朋友变得格外困难。如果他的朋友想要破坏你的计划、挑战你的价值观并引发你的担忧，在你采取行动试图将他们排除在他的朋友圈之外

前，请一定要慎重考虑。他们可能确实是正常的孩子，只是想挣脱大人的束缚而已。在禁止任何事情之前，主动和孩子交谈，因为禁止可能导致事与愿违的后果。

3.在游戏中帮助孩子建立自信

游戏对于一个人建立自尊和自信非常重要。游戏使孩子得以认识自我，因为通过选择决定玩什么或者做什么、和谁一起玩、画什么等，他们可以逐渐丰富自我概念，并获得身份认同——这二者正是建立自尊必不可少的两个步骤。通过游戏，孩子还可以发现自己有能力做些什么，因为游戏有助于培养他们在语言、社交、手工、制订计划、解决问题、协商和身体运用方面的能力，从而增强他们的自信，提高他们社会交往和结识朋友的能力。

最后，孩子从事一些有安全保障的独自进行的游戏，会使他们逐渐认识到，自己是可以独立完成一些事情的。

总之，父母是儿童人生路上的导航者，孩子在成长中，难免出现一些负面消极心态，父母要给予及时的排解，培养出一个勇敢、积极的孩子！

胆怯的孩子是失去光芒的太阳

几千年孔孟之道的浸染，形成了中国人含蓄、内敛、宽厚、谦卑的民族性格。然而，在竞争激烈的当代社会，要求人们面对机会能勇敢、大声地说“我行”。因此，培养孩子自我表现的勇气和习惯，成了家庭教育的一个重要内容，对内向、胆怯的孩子尤为如此。有些孩子天生大胆，有些孩子天生胆小。生活中我们看到很多被娇生惯养的孩子，被父母宠在手心里，遇到一点委屈、碰到一点挫折就扑到父母的怀里哭泣，父母疼到心肝里，替他出头，安慰他。殊不知，越是这样，孩子越是胆怯、怕事儿，遇事就越发没有主见。这样的孩子未来怎能独当一面？父母的百般呵护、宠爱的“独苗苗”也只能是失去光芒的太阳。

这告诉那些宠爱孩子的父母，被宠爱的孩子没有勇气。那么父母该怎样帮孩子克服胆怯，让他勇气面对生活中的种种问题呢？

1.树立自信心

父母应该让孩子知道，树立自信心是战胜胆怯、退缩的重要法宝。胆怯、退缩的人往往是缺乏自信的人，对自己有能力完成某些事情表示怀疑，结果可能会由于心理紧张、拘谨，使得原本可以做好的事情弄糟了。

因此，父母要教导孩子在做一些事情之前就应该为自己打气，相信自己有能力发挥自己的水平，然后按照想法自己去努力就可以了。

2.扩大交际和接触面

一般来说，怯于表现的孩子面对众多目光只是觉得不安，并非讨厌赞美和掌声，只要看看他们投向同伴的目光就知道了。因此，家长应有意识地扩大孩子的接触面，让孩子经常面对陌生的人与环境，逐渐减轻不安心理。闲暇时，带孩子和邻居聊上几句，帮孩子与同龄朋友一起玩耍，建立友谊；购物时甚至可以让孩子帮忙付钱；经常到同事、亲戚家串门；节假日，一家三口背上行囊去旅游，让孩子置身于川流不息的游客潮中……随着见识的增长，孩子面对别人的目光时，便会多几分坦然。

3.尝试做一些不喜欢做甚至是不敢的事

有些孩子总是屈从于他人，不敢鼓足勇气尝试没有做过的事情，时间久了就会误以为自己生来就喜欢某些东西，而不喜欢另一些东西。父母应该让孩子认识到，什么事情都要敢于去尝试。尝试做一些自己原来不喜欢做的事，就会品尝到一种全新的乐趣，从而慢慢从老习惯中摆脱出来。关键要看是否敢于尝试，是否能把自己的想法贯彻到底。

4.学会照顾自己

父母要时时处处注意培养孩子的独立性、坚强的毅力和良好的生活习惯，鼓励孩子去做力所能及的事情，让孩子学会自己照顾自己。当孩子遇到困难时，父母不要一味包办，要让孩子自己想办法解决。

当然，开始时父母要予以必要的指导，使孩子慢慢学会自己处理各种事情，而不能一下子就不问不管，否则会使孩子手足无措、更加胆小。

5.保持耐心和关怀

在此过程中，最忌讳的是家长缺乏耐心。当别家孩子又唱又跳、聪明伶俐似小明星时，看到自家孩子畏缩地躲在一旁，难免恨铁不成钢。“没出息的东西，见不得人……”之类的话便脱口而出。

对孩子来说，所造成的伤害又岂是家长几句宽慰的话能轻易抚平。当孩子与自己做斗争时，家长的鼓励就像一只温暖的大手，推动他们不断取得进步。

通过以上这些方法，当孩子获得赞美，体会到被肯定的喜悦时，自信心便会随之增强；而自信心的增强反过来又会促使孩子勇于继续尝试。也许孩子一时并不能像那些天性外向、开朗的孩子那样乐于表现，但只要他能学会勇敢地展示自己，就是在把握机会，积极进步。长此以往，孩子自然也就不再胆怯了。

放开双手，让孩子向前冲

人生是一场面对种种困难的“无休止挑战”，也是多事多难的“漫长战役”，但只要有勇气，勇敢地向前冲，就能把这些挫折和阻力变成磨炼自己的动力。阻力可以使飞机飞上天空，阻力可以使帆船行驶得更快。无论在学习上还是在生活上，缺乏勇气的孩子在追求目标时，总是缺乏主动性和信心，可能因此而错过原本属于自己的成功和幸福，可以说，缺乏勇气是孩子成长和成功道路上的绊脚石。

毕竟，每个人成长环境不一，导致性格和品质也有不同。现在很多孩子在父母这把“保护伞”下，越来越娇气，最终将成为永远长不大的孩子。父母要明白，家长只有放手让孩子独立行走，让孩子自己向前冲，他才会“拾级而上”，勇敢地追逐自己的理想和目的，成为一个敢想敢做的人。

每个孩子的成长过程就像走楼梯的台阶，随着时间的推移，孩子走过的台阶就越多，是搀扶着上还是抱着上？不同的父母会有不同的答案。显而易见，如果家长牵着、搀扶着孩子，就会使孩子产生依赖性，常常把父母当成拐棍而难以自立。如果家长抱着孩子上台阶，把孩子揽在襁褓里，那么，孩子就会成为被“抱大的一代”，不经风雨，不见世面，更难立足于社会。平时，孩子饭来张口、衣来伸手、上学接送、晚上陪读，甚至考上大学父母还要跟着做“保姆”。孩子大学毕业后找工作，又得父母跑单位，这样的孩子是很难自立成人、大有作为的。家长要让孩子自己去登这人生的台阶，告诉他：加油，要勇敢地向前冲！即使他摔了很多次，但他在摔跤的过程中，积累了不绊倒的经验教训，也锻炼了他的意志，这对于他的成长是受益无穷的。

那么，家长应该如何给足孩子勇气，让孩子勇往直前地向前走呢？

1.注重独立自主能力的培养

鼓励孩子独立完成力所能及的任务。让孩子学会自己照顾自己，当孩子遇到困难时，要让孩子自己想办法去解决。

2.鼓励孩子与别人交往

家长要鼓励和带领孩子多和别人交往，特别是和开朗活泼的同龄人交往，并带领孩子参加力所能及的社会公益活动。借助家庭、学校、孩子的伙伴、亲朋好友的作用，给孩子提供良好的社交平台。

3.切忌与同龄孩子对比或者辱骂孩子

面对胆小的孩子，家长切忌与同龄孩子对比或者辱骂孩子，应该不失时机地与孩子沟通，给孩子以鼓励和赞扬，帮助并引导孩子努力克服自身的弱点，尽可能避免孩子因胆怯所造成的心理紧张，以缓解孩子的胆怯，促进孩子健康成长。

没有不爱孩子的父母，要想把孩子培养成一个勇敢的人，就不能娇惯和过度保护孩子，不妨让孩子吃点苦，有“台阶”给足他勇气，然后让他自己爬。这样，孩子也许能“一鼓作气”，攀上光辉的顶点！

鼓励失败的孩子再尝试一次

人生中，困难和危险无处不在、无时不有。一个勇于迎战困难的孩子，才有战胜困难、夺取成功的希望，而那些蜷缩在温室中、保护伞下的孩子注定是要在困难面前失败的。这告诉父母，在教育孩子的过程中，培养孩子勇于尝试，是必不可少的一步。因为人一旦失去尝试的勇气，就失去所有的一切！

我们不能不承认，现在的很多孩子都生活中蜜罐里，过着衣来伸手、饭来张口的生活。他们是整个家庭的“中心”，父母过度的“保护”，让孩子既缺乏承受挫折的机会，更没有承受挫折的思想准备。所以当挫折摆在面前的时候，这些孩子就会表现出懦弱、悲观、处处想逃避它。但是生活并非一帆风顺，处处藏着逆境，对于儿童来说也无法避免。因此，引导孩子懂得如何正确对待挫折、失败、困难，从而具有较强的心理承受能力和坚强的意志，对于他们将来的成长有着非同寻常的意义。

对孩子进行耐挫折教育，家长必须认识到爱孩子应该有理智，不能迁就他。很多父母对孩子嘘寒问暖，不让孩子受一点点委屈，这是爱孩子的表现，但过度的关爱和保护，会让孩子失去许多机会，接受困难的机会便很少，其生活经验也会更少。孩子在过多的关爱中形成了依赖思想，把自己定位在“弱者”这一台阶上，当遇到什么困难时，首先想到的便是成人，没有自己克服的意识和勇气。所以，提升孩子面对挫折的情绪管理能力，有助于引导孩子更有勇气去承担失败，也更能在失败中崛起。那么，家长应该怎样引导失败的孩子再尝试一次呢？

1.给予引导

当儿童在交往中遭遇挫折和失败时，父母应引导孩子分析受挫折的原因，从中汲取教训，并想办法克服困难。当他自己克服困难时，父母应鼓励、肯定。让孩子体验成功的喜悦，增强克服困难的信心。如果他自己克服不了困难，父母应给予适当的安慰和帮助，以免造成孩子过分紧张，影响身心健康。

2.给予鼓励

当孩子失败后，当他误以为自己走投无路的时候，他最需要父母帮助自己点燃心中的希望，看清自己的潜力。父母应鼓励孩子坚信挫折只是暂时的，因为绝境与努力无缘。孩子在父母鼓励下就会跃跃欲试，有了成功的体验后，以后就有了面对困难懂得尝试的意识。

3.给予尝试

孩子对于他们认为困难的事情，有时会主动拒绝尝试，但如果父母帮他们将目标确定成“试一试”，而不是“成功”，孩子的内心就会轻松许多。如果他们被剥夺了尝试的机会，也就等于被剥夺了犯错误和改正错误的机会，离成功之路也就越来越远。父母的聪明之处在于：即便是一次失败的努力，也让孩子觉得从中有所收获。所以当孩子拒绝尝试时，父母要及时地给予鼓励，鼓励孩子去尝试，哪怕是一次失败的尝试，如果孩子能在尝试中成功，那就会给他们以成就感，从而获得面对困难的勇气。如果尝试失败了，父母再出面予以帮助，在帮助中获得技能，让他懂得面对困难挫折不是退缩，而是勇敢地去解决。

4.借助孩子的其他优势来激励他

在某一领域里的充分自信，可以帮助儿童更好地面对来自其他方面的挫败。如果面临挫折，孩子将自己的优点丢在了脑后，父母一定别忘了提醒他，借助优势激励他改变弱势的信心。

“女儿在前段时间要去参加捏泥塑比赛，作为妈妈自然希望她取得好成绩。于是到家来我总想方设法让她多练习。女儿虽然对动手操作感兴趣，但是对于难度大一些的事物总是不想多实践。我觉得我得先让她对于难的事物感兴趣，兴趣是最好的老师嘛。于是我跟她说：‘你看你刚才捏的这个真的很难，妈妈只教了你一次，你都捏得比妈妈好了，真了不起。那一个好像更难了，我们一起来捏，你教教妈妈好不好啊？’女儿借助自己的优势而树立起来的信心去改变她对于难度大而不愿实践的弱势的信心。”

通过优势激励，能让孩子有一种自我价值的肯定。这种心理暗示，能鼓励孩子从挫折和失败中重新站起。

总之，父母不要孩子成为一个弱者，不要让他在失败中不堪一击，不能让他像鸵鸟一样在遇到危险的时候，就把自己的头藏在沙土中以获得心灵上的解脱。在挫折教育大行其道的今天，父母不要误以为让孩子吃点苦就能培养坚强的孩子，父母需要把握好这中间的尺度，培养孩子的抗挫折能力和越挫越勇的斗志，应该让孩子时刻记得，放弃就意味着失败，尝试就有成功的可能！

胆怯的孩子害怕与人交际，怎么办

“我是一个四年级的女孩，性格很胆怯，并且内心自卑，我在一所很好的学校读书，在班里能排前几名。我有两个很好的朋友，她们很优秀，虽然我知道，我没有那样想的必要，可是我毕竟是个学生，我不能不关心学习。我不知道她们为什么学得那么好，甚至有男生喜欢她们。久而久之，我就不大愿意跟她们甚至是周围人说话了。

“现在，大概我已经被同学们遗忘了，我开始看那些我不喜欢的东西，开始看动漫，开始看小说，我的性格开始变得内向，我现在好茫然，我不知道该怎么办，马上就要开学了，怎么办，我已经不知道我能怎么面对学习、面对我的这些同学了。”

人际交往是一门学问，童年是培养一个人交往能力的重要时期，这是积累人生阅历和社会实践能力的重要能力之一。然而，很多孩子因为一些心理原因，如自卑等，害怕与周围的同学交往，把自己的活动限制在一定的范围内，更有严重的，导致自闭症和交往恐惧症，严重影响心理健康。克服这些心理障碍，才能走出交往的第一步，那么，这些心理有什么危害呢？以自卑为例：

自卑是一种过低的自我评价。自卑的浅层感受是别人看不起自己，而深层的体验是自己看不起自己。有自卑心理的孩子在交往中常常缺乏自信、畏首畏尾。遇到一点挫折，便怨天尤人；如果受到别人的耻笑与侮辱，更是甘咽苦果、忍气吞声。实际上，自卑并不一定能力低下，而是凡事期望值过高，不切实际，在交往中总想自己的形象理想完美，惧怕丢丑、受挫或遭到他人的拒绝与耻笑。这种心境使自卑者在交往中常感到不安，因而常将社交圈子限制在狭小的范围内。

孩子都希望自己可以拥有落落大方的交往形象，让同学喜欢自己，其实，父母只要告诉孩子，只要你拥有良好的交往品质，克服胆怯，走出恐惧的第一步，就能受到同学的喜欢，慢慢地心结也就打开了。

而这些交往品质有：

1.真诚

“人之相知，贵相知心。”真诚的心能使交往双方心心相印，彼此肝胆相照，真诚的人能使交往者的友谊地久天长。

2.信任

美国哲学家和诗人爱默生说过：你信任人，人才对你重视。以伟大的风度待人，人才表现出伟大的风度。在人际交往中，信任就是要相信他人的真诚，从积极的角度去理解他人的动机和言行，而不是胡乱猜疑、相互设防。信任他人必须真心实意，而不是口是心非。

3.克制

与人相处，难免发生摩擦冲突，克制往往会起到“化干戈为玉帛”的效果。克制是以团结为金，以大局为重，即使是在自己的自尊与利益受到损害时也是如此。但克制并不是无条件的，应有理、有利、有节，如果是为一时苟安，忍气吞声地任凭他无端攻击、指责，则是怯懦的表现，而不是正确的交往态度。

4.自信

俗话说，自爱才有他爱，自尊而后有他尊。自信也是如此，在人际交往中，自信的人总是不卑不亢、落落大方、谈吐从容，而绝非孤芳自赏、盲目清高。对自己的不足有所认识，并善于听从别人的劝告与帮助，勇于改正自己的错误。培养自信要善于“解剖自己”，发扬优点，改正缺点，在社会实践中磨炼、摔打自己，使自己尽快成熟起来。

5.热情

在人际交往中，热情能给人以温暖，能促进人的相互理解，能融化冷漠的心灵。因此，待人热情是沟通人的情感、促进人际交往的重要心理品质。

克服胆怯，摆脱自卑等心理障碍、拥有良好的交往品质都是交往的前提，父母一定要找出孩子不敢与人交往的症结，帮助孩子把心打开，让他们融入集体，进而让孩子成为一个受欢迎的人。

第8章

拒绝依赖，孩子性格独立才能掌握自己的人生

中国有句俗语："穷人家的孩子早当家"，这句话反映出要想培养孩子优良的个性品质，就应把养成孩子独立性、克服依赖性放在最重要的位置。然而，孩子过分依恋父母，就像婴儿不愿脱离温暖舒适的子宫一样，孩子在自立的过程中，会带来痛苦、恐惧和焦虑不安，甚至愤怒和烦躁，易激惹，以及攻击行为等。那么，怎样可以使孩子在情感上接受分离，变得独立，就成了许多家长困惑和关注的问题。其实，让孩子自立，可以从日常小事开始，比如告诉孩子"自己的事情自己做"、鼓励孩子发表意见、参加家庭讨论等，循序渐进，长此以往，孩子就能变得独立，就能早日担当一份责任！

从小培养孩子“自己的事情自己做”

现代社会，家长过分溺爱孩子，造成了教育的“温室效应”，一些孩子任性固执、追求享受、独立性差。例如，习惯了家长包办一切，连生活中最基本的自理能力都没有。生活中，很多家长是这样做的：

（1）早上快要迟到了，可孩子却是慢吞吞，受不了了，赶快帮他穿衣穿鞋。

（2）看他吃饭慢吞吞的，天又冷，算了，喂他吧。

（3）孩子说要自己洗澡，就怕他洗不干净，大了再说吧，还是我帮他洗。

（4）自己生病了，本来让孩子泡个面不难，可营养不够啊，还是坚持给孩子做饭吧。

（5）上学的书包可真重，现在是长高的时候，帮孩子拿不为过吧。

（6）画画后桌面一片狼藉，可睡觉的时间又到了，算了，我来收拾吧。

（7）要出去旅行了，小家伙怎么懂收拾行李嘛，肯定是我来帮忙的。

这些现象在生活中随处可见，家长担任孩子的保护伞这一职，可家长似乎没有注意到，这样会导致孩子缺乏自立能力，将来在面对、解决困难时，都会表现出其缺乏自信和独立性的一面，更别说独当一面了。因此，家长必须引起重视，要从小培养孩子“自己的事情自己做”的观念，著名教育家陈鹤琴先生说：“凡是孩子自己能做的事，让他自己去做。”这不仅对培养孩子的独立性、自理能力很重要，同时也培养了孩子的责任感，使孩子能对自己的生活、行为负责。从小开始，家长就应该让孩子做一些自己力所能及的事情，逐步养成爱劳动的生活习惯，对孩子的一生都意义深远。

有位妈妈在谈到教育儿子的心得时说：“我们家里虽然是祖孙三代一起生活，可孩子爷爷奶奶对孙子的独立性培养很重视。只要是儿子能力范围可以完成的事情，我们都让孩子自己做，其他人在旁边，在必要的时候给予孩子指导。突然有一天，儿子高兴地说：‘我自己会穿衣服了，你们都下去吧，我自己的事情自己做。’让我感到十分高兴的是，他竟然真的自己穿上了衣服，虽然穿得歪七扭八的。我不失时机地夸奖了他，他高兴得一蹦一跳的。”

和这位母亲一样，要教育出有出息的儿子，必须培养孩子的自理能力，这就要告诉孩子“自己的事情自己做。”因为孩子总有一天会长大的，小的时候受到一点挫折，凭借自己的力量解决，明天就会独立成长。孩子总要离开父母的怀抱，走进竞争的社会，家长放手越早，孩子成熟越早。早些让孩子自立，孩子的责任感会增强，逐渐有了自己的主见，也就逐渐自立了。在这点上，家长应注意以下几点。

1.父母要学会放手

培养孩子的自理能力，首先父母要有让孩子独立的意识，否则所有的行为都是一句空话。而所谓独立的意识，简单一句话就是让孩子能做的让他自己做，因为每个人的生活终将是每个人自己过，家长不能在他幼儿时剥夺他独立生活的意识。只有这样，孩子以后才能走得好、走得让家长放心。

从孩子学走路的那一刻，孩子就已走上自己独立的征途。父母则要做到，孩子能自己走，哪怕走得歪歪扭扭、会摔跤，也要让他自己走。

2.不要扼杀孩子的自理萌芽

每个孩子都有自己动手的欲望与萌芽，不同的年龄段有不同的表现，如1岁多的孩子爱甩开大人自己走路、自己去抓饭来吃、自己穿鞋子等，因为他们对这个世界充满了好奇，想通过自己双手的触摸来探索。当孩子有这样的表现时，家长要鼓励，用笑脸去鼓励孩子去做。

3.自己的事情自己做

孩子到了两岁，已经可以做一些事情，这正是培养其自理能力的好时候，从自己身上开始做、自己能做的事情自己做，这是一个很好的方法。如自己喝水、自己走路、自己吃饭，等等。

4.父母要有足够的耐心

我们经常所见：孩子在穿衣服或鞋子，穿了半天没穿好，妈妈冲到他面前，边数落边快速地帮孩子把鞋穿上。孩子动作都是慢的，因为这个世界对于他们来说就是新的，我们看上去很简单的东西，对他们来说则不是，都要去学，反复练习才能做到。所以，家长要有足够的耐心。

例如父母很赶时间，但孩子还在那儿磨蹭，解决这个问题的方法是：总结经验，把出门的时间提前一点，如打算9点出门，就从8点10分或8点钟就准备。这样，就有足够的时间让孩子自己穿鞋穿衣了。 可以给奖励的东西，但不能是物质的，最好是精神上的奖励，如摸摸他的头、冲他笑一下，或者给他一个大拇指，这样就够了。孩子从家长的表情、动作就可感知你的鼓励。

总的来说，家长一定要让孩子多动手，告诉他“自己的事情自己做”，这有利于培养孩子自理的习惯和自立的能力，日常生活中，不要总是为孩子包办一一切，纵容孩子的懒惰，凡事爱代孩子动手的习惯妨碍了孩子自理能力的培养及锻炼，更是剥夺孩子学会独立自理的机会。家长鼓励孩子能做的事让他自己做，在孩子做时家长要有耐心，要容许孩子犯错误，只有这样，才能培养出一个独立、自理能力强的孩子!

让孩子学会为自己做主

生活中，可能很多父母都会认为，孩子只要听话、省心就好，可是，这样的孩子只能生活在父母的臂弯里，因为没有主见，更不能自立，是无法真正立足于社会中的，也很容易迷失自己。

小星是一位电脑爱好者，平时一有时间，他就开始“钻研”电脑，但他的父母则明文规定，不许玩电脑，放学后必须做多少作业和练习，这让小星很不高兴。于是，放学后，他就尽量不回家，或去同学家，或去网吧。小星在这方面确实很有天赋，在那年市青少年科技创新大赛上，小星居然获奖了，这让他的父母吃了一惊，并重新认识了孩子“玩电脑”这一情况。但小星却不领情了，他用自己的奖金买了电脑，从此一放学就把自己关在房间里。有时候，父亲为了“讨好”他，主动向他请教电脑方面的知识，他也不理睬。

有一次，父亲听老师说小星自己建了一个网站，便想看看儿子的成果。这天，他看见儿子的房门没关，电脑也开着，就打开看看，结果他却听到儿子在身后吼了一声："谁让你动我的东西？" 因为自己理亏，父亲也没说什么。不过，从那以后，小星的房门上就多了一把锁。

小星为什么不愿意和父母分享自己的个人爱好与努力成果呢？很简单，因为父母曾经否定过自己的爱好。很明显，面对孩子喜欢玩电脑，小星父母的处理方式不恰当。孩子对现代科技的爱好和探索，家长应予以正确的引导和鼓励，不能以一成不变、简单粗暴干涉的方式来约束他，应该突破传统教育的固定模式，家庭教育也需要与时俱进。

父母需要在日常生活中培养孩子的自主品质，具体来说，需要做到以下几点。

1.尊重孩子的爱好，鼓励他做自己喜欢做的事

孩子一会儿喜欢做做这个，一会儿试试那个，家长便会担心孩子无心学习，或者染上什么不良的习惯、会接触社会上那些坏孩子等问题。有时候，家长越是干预，越是阻止，孩子越会义无反顾地去做。其实，家长应该做的，首先就是相信他，要告诉他，无论选择什么，爸爸或者妈妈都相信你，但是也要做出让爸爸妈妈相信你的事情，在保证学习不受影响的情况下，爸爸妈妈允许你做自己喜欢的事。

2.给孩子表达意愿的机会

相当一部分家长害怕孩子走了错路，习惯于事事为孩子做出决定，而少有征求孩子的意见；一旦孩子不遵从，就大加责备。

孩子是喜欢探索的，父母要学会引导他们的想法，而不是一味地压制和制定规则，如果家长总是告诉不许这个、不许那个，那么，孩子很有可能变成什么都不敢尝试的懦夫。

3.不要总是命令孩子

很多家长在要求孩子做事时，往往喜欢使用命令句式，因为他们以为，孩子天生是听话的，应该由别人来决定他的一切，如“就这样做吧”“你该去干……了”。而这种语气会让孩子觉得家长的话是说一不二的，自己是在被强迫做事，即使做了心里也不高兴。

家长不妨将命令式语气改为启发式语气，如“这件事怎样做更好呢”“你是否该去干……了”，这种表达方式会让孩子感觉到家长对自己的尊重，从而引发孩子独立思考，按自己的意志主动处理好事情。

4 .让孩子随时随地自主选择

家长对孩子自主选择的尊重，可以随时随地体现在最简单的日常生活中。

（1）吃的自主。当孩子能力所及时，在不影响他饮食均衡的情况下，家长可以让孩子自己选择吃什么。例如在饭后吃水果时，家长不必强迫孩子今天吃苹果、明天吃香蕉，可以让孩子自己挑选。

（2）穿的自主。孩子也喜欢好看的衣服，家长带孩子外出玩耍时，在保证安全、健康的前提下，可以让他自己决定穿什么衣服，切忌随自己喜好而不顾他的感受。

（3）玩的自主。不少孩子在玩游戏时，并不想让成人教给他们游戏规则，更愿意自己决定游戏的方式，并体验其中的乐趣。家长可让孩子自己选择玩具和玩的方法，这样做可以极大地满足他的自主意识，帮助他成为一个有主见的人。

当然，家长不给孩子制定太多的规则，不代表没有规则。具体事情要具体对待，可根据他出现的问题临时性给他制定规则，但一定要征求他的意见，请他参与到规则制定中来。

平等沟通，向孩子提出建议而非命令

家庭是社会的细胞，也是一个团队，而家长就是这个团队的领袖，可能很多父母发现，孩子还小的时候，自己在孩子心中的形象是伟大的，孩子什么都愿意跟自己说，但随着孩子逐渐长大，他们开始厌烦父母，尤其是讨厌父母以命令的口吻与他们交流，而父母则认为是孩子不听话的表现。于是，便采取压制的措施，正因为如此，亲子之间的关系很容易变得紧张，甚至无话可说。

“看到孩子总是以一副不耐烦的神情跟我说话，我的脾气也不会好到哪里去。他声音大，我的声音就要更大，人在情绪上头，哪里顾得上风度、民主，我就记得我是他老爸，怎容得他这么放肆?其实，他如果冷静地、以平和的态度跟我分析他的想法，我又何尝会倚老卖老呢？我都这么大年纪了，怎么会不讲道理呢?”可能很多家长面对的孩子，都遇到过这种情况。其实，孩子正在逐渐长大，他们会遇到很多成长中的问题，此时，他们需要的是父母贴心的建议，而非命令。

那么，在日常生活中，家长该如何与孩子沟通呢？

1.给孩子表达意愿的机会

例如，在购买东西时，他的东西，尽可能让他自己选，孩子都有自己的一些兴趣和爱好，不过，父母还是要最后把关的。例如，孩子选的东西太贵，就告诉他，这个太贵了，我们买不起。孩子就知道要换一个便宜点的。

2.耐心倾听孩子讲话

耐心倾听孩子讲的每一句话，鼓励并引导孩子自由地表达思想，既体现了家长对孩子的尊重，同时也能有效地培养孩子的自主性。家长可从以下几个方面加以注意。

（1）静听孩子的“唠叨”。对于孩子的话，家长千万不要嫌孩子啰唆和麻烦，因为这种“唠叨”恰好是孩子愿意与你沟通的体现，他是试图向成人表达他自己对这个世界的看法。因此，家长不仅要静听孩子的“唠叨”，还要鼓励孩子多“唠叨”。

（2）勿抢孩子的“话头”。不少家长在听孩子讲话时，有时会觉得他的语句、用词不够成熟，喜欢抢过孩子的“话头”来说，这样做无疑是剥夺了孩子说话的机会，同时也会让孩子对以后的表达失去信心。因此，在孩子想说话的时候，即使他词不达意，家长也应让孩子用自己的语言把意思表达出来，而不能抢做孩子的“代言人”。

（3）留意孩子给你的报告。家长可随时随地提醒孩子注意观察事物，给他探索的机会，观察之后，还应问一问他看见了些什么、学会了些什么。当他向你做“报告”时，父母应该留意倾听并适时点拨，会令孩子得到鼓舞。

（4）聆听孩子的辩解。当孩子为自己所做的事与家长争辩时，家长千万不能斥责孩子的“顶嘴”，要给孩子充分的辩解机会；当他与他人争吵时，家长也不要立即去调解纠纷，可以在旁聆听和观察，看他说话是否合理、是否有条理。这对培养孩子独立思考的能力大有益处。

总之，培养孩子，情商应是第一位，智商培养应是第二位，多建议而非命令孩子，不但能融洽彼此关系，更能教育出有主见的孩子！

鼓励孩子大声说出自己的想法

为人父母都希望自己的孩子能省心，听话，可是，这样的孩子往往没有主见，更不能自立。孩子在未来社会需要面对更大的困难，需要不懈地自我奋斗，父母必须给孩子自立的机会，他才能独立地面对问题、解决问题。

诚然，孩子听话让父母安心，这样的孩子小时候可以避免许多不必要的危险和麻烦。孩子的听话也让父母欣慰，因为听话的孩子理解力强，善解人意。然而，这是一个强调创意的年代，如果习惯于听话，在孩子独立面对世界的时候，他会迷失自己，因为当找不到那个权威的发话人，他不知道该听谁的。

一位妈妈问一位教育专家："如何让我的儿子有主见呢？我儿子从小就很听话，可最近他刚入了幼儿园大班，老师经常要求小朋友说出自己的想法。这时候，他听话的优点就变成了缺点，因为他老是显得没有主见和缺乏应变能力，老师说他做事不够积极主动。我一下子觉得压力挺大的。对于这样听话的孩子，我不知道该用什么样的方式让他积极主动？"

父母要让一个习惯于听话的孩子表达出自己的想法，该怎样做呢？

1.减少对孩子"真乖""真听话"这样的评价

一位妈妈总是喜欢夸奖儿子"真听话"，慢慢地孩子便会事事按照妈妈的话去做。可是一旦让他自己拿主意，他就表现得无所适从。后来，妈妈不再夸孩子听话了，而是使用其他更具体的评价。例如，当孩子吃完零食，自己收拾垃圾时，妈妈就表扬他：“对，吃完东西就收拾干净，这样既整洁又卫生！”慢慢地，孩子开始知道自己该做什么、不该做什么，而不用等待妈妈的吩咐了。

2.尊重孩子的感觉

孩子都有自己的想法，尽管他们的想法可能是幼稚的，甚至是错误的，但我们不能轻易否定他，要尊重他的感觉和选择。

妈妈带着小胖去买衣服，小胖看中一件上面印有奥特曼的外套。妈妈一看，那是一件质量很差的衣服，做工非常粗糙。于是，妈妈给小胖选了另外一件。小胖很不高兴。妈妈耐心地跟他说：“那件质量不好，而且不适合你。这件质量好，比那件还贵呢！”可是小胖却说：“这件虽然好，但是没有奥特曼，不是我喜欢的。”

很多时候孩子并不想买多么高档的东西，他们更注重自己的兴趣。只要孩子喜欢，就是买一件质量差的又有什么关系呢?

3.给孩子一些选择的机会

在听话的孩子身边，往往都有个细心、周到、能干且具有绝对权威的家长，他为孩子计划好了一切，却忘记了询问孩子的意见。父母应该多听听孩子的意见，多给孩子一些选择的权利。例如，家长可以问问孩子“今天咱们是去游乐场还是去植物园”“明天奶奶过生日，咱们送给奶奶什么生日礼物好呢”。要记住，一旦你把选择的权利给了孩子，就要接受孩子的选择。

4.给孩子更多做事的机会

当孩子想要你帮忙拿挂在高处的东西时，你可以不直接帮助他，而是换个方式：“你自己有办法拿到吗”“如果站到沙发上，可能会站不稳……

对，站椅子上是个好办法”“我想这个椅子对你有些大，你可能搬不动……嗯，这个小椅子很合适”“哇，你居然用晾衣叉自己拿下来啦，真聪明”。

5.孩子的自由规定原则

给孩子最大限度的自由，才能培养孩子的独立性。不过即使这样，也不能让孩子恣意妄为。父母应该给孩子定下一个原则，在这个原则之下，给孩子充分探索、自由活动的时间和空间，不要紧盯孩子的一举一动。例如，父母可以定下规矩：在外面玩不能去马路上，只能在楼前的这片空地上玩。但至于怎么玩、和谁玩，由孩子自己决定。

家长是孩子的第一任老师，沟通方式的正确与否直接影响孩子的一生，古今中外的成功人士身上都有一个优点，那就是有主见、有思想、有魄力，这样的人正是做大事的人。因此，作为家长，必须认识到，“为孩子拿主意”的想法是永远行不通的，鼓励孩子大声说出自己的想法，才能让他慢慢自立起来，成为一个有用的人！

给孩子发表自己意见的机会

一个人的自立，要从思想上开始，也就是独立的思考能力，教会孩子独立思考，要首先给孩子发表自己意见的机会，言由心生，父母才能了解孩子的内心世界，才能因材施教，才能慢慢地划清与孩子的情绪边界，让孩子做到思维和情感上的独立。家庭教育是孩子接受的第一任教育，孩子是一个独立的生命，而不是作为父母的附属品而存在，让孩子发表意见，就能逐渐让孩子当家、自立！

其实，孩子自从出生时，就有要发表意见的要求，如用手去触摸自己喜欢的东西，不喜欢有些长辈抱自己时，就大声地哭闹，对于孩子的这些行为，父母一一接受了，可是随着年龄的增长，父母为什么又把这种自主权搁浅了呢？压制孩子发表意见，就是压制孩子的主见，这对孩子的成长是极为不利的。

具体说，父母应该注意以下几点。

1.尊重孩子

孩子不是可以任由父母摆布的“玩意儿”。在家庭教育中，家长应像尊重成人一样尊重孩子，把自己放在与孩子的平等位置上，遇到问题换个角度去想想，寻求与孩子心理上的沟通。当孩子从父母的尊重和爱护中找到自信与自身价值的时候，他们自然而然就学会了尊重父母、尊重他人。

家长要把孩子看作一个独立人，他们有权发表自己的意见，父母不必过多地限制，家庭生活中出现的一些问题，要让他们去尝试、判断、思索、体验。当然，尊重孩子的人格和自我意识并不等于放任孩子。在他们成年之前，父母可以引导他们，帮助他们辨别是非，培养他们独立思考，学会选择自己的人生目标。

2.不要压制孩子的想法

父母当然比孩子拥有更大的权力，甚至有权让孩子完全得不到任何权力，但这么做的后果是造就一个本性温柔但却没有主见、没有责任感而且脾气暴躁的孩子。

其实，疏导是比围堵更好的手段。而且，孩子拒绝父母要他做的事，不是要反对父母，只是想对自己的事有主导权。如果父母理解并尊重这一点，那么，对孩子的发展是有利的。

3.支持孩子在小事上自己拿主意

当冉冉几次不肯睡觉时，妈妈对她说："冉冉，我相信你一定能管好自己的，因为你明天7点要起床。所以，你自己会在9点前上床睡觉，我相信你会自己注意时间。"果然，冉冉听话多了。

其实，家长可以支持孩子自己管理自己，并提醒他界限何在。当孩子做选择时，他觉得自己的确享有主导权，这一点会令他开心。又或者可以问他："你想要先听故事呢，还是先换上睡衣？"两种选择都暗示他该睡觉了。

4.父母保持适当的权威

许多家长也许在自己的孩童时期，所接受的教养方式是极端威权的，父母说一，他们绝不敢说二，所以，他们从未享受发表自己意见的权利。于是，他们把这种教育方式传达给了孩子。父母应将大人的权力保留在适当范围内，别将它过分延伸到孩子身上。但同时，也要让孩子尊重父母的权威。尊重孩子的权力发展，同时坚持对孩子有利的一些原则。

例如，孩子选择8：45上床睡觉，但时间到了，他仍不肯上床，这时就要严格要求他："因为你今天答应的事情没有做到，所以明天你没有选择，一定要在8：30上床。"家长说出口的话，一定要严格执行。

孩子从襁褓时期对父母完全依赖，到发展自我意识、建立自信、试验探索，终于长大成一个独立的人，这都需要主见的培养。要想孩子有主见，父母可以遇事问他的看法，不管是幼儿园的事还是家里发生的事、报纸上登的事，或者是路上看到的事，包括爱吃什么、爱穿什么、爱玩什么都要问他原因，从日常这些小事中，学会让孩子独立地发表自己的意见，让孩子学会独立思考。慢慢地，孩子就形成了遇事靠自己的习惯，并且，在这一过程中，孩子感受到来自父母的尊重，也自然愿意与父母沟通！

第9章

友善宽容，孩子性格豁达会拥有更广阔的天地

现代社会的不少家庭在教育孩子方面存在很多“爱的误区”，许多家长只会一味地付出，不求孩子的任何回报，结果导致孩子不懂得什么是爱，不懂做人的道理，不懂得付出，自私自利。在他们的世界里，爱是无偿的提供，是廉价的，不需要珍惜的。因此，家长必须培养孩子友善宽容，学会感恩和爱他人，懂得感恩和爱，他们才懂得去孝敬父母，才懂得去尊敬师长，才懂得去关心、帮助他人，才能学会包容，赢得友谊。懂得感恩和爱，这是健全人格的一部分，家长要帮助孩子克服自私心理，让孩子懂得与人分享，让他学会帮助别人和换位思考，这样，孩子才能享受阳光，享受空气，才会拥有快乐，拥有幸福！

教育孩子要心中有他人

托尔斯泰说：“家长的责任是不能托付给任何人的，金钱买不到成功的孩子。”所以，家长培养孩子心中有他人的良好情感，需要家长做个有心人，从生活中的点滴小事开始，让孩子去历练、去感知，让孩子拥有健康向上的情感。

不少父母看上去很爱自己的孩子，但他们的做法不是理智的爱，而是溺爱。在许多独生子女家庭中，有了好吃的父母不舍得吃，给孩子今天留、明天留，孩子不愿吃了，家长方可吃。如家长将肉已经盛入自己碗里了，会再拣出来放在孩子的碗里，也不忍心对孩子讲：“你吃得很多了，应该给干活最辛苦的爸爸吃一点。” 使孩子养成只会享受家人的关怀、照顾，而不知道还要去关心别人，再加上家长无意识的迁就顺从，使孩子形成了随心所欲“自我中心”的心理定式。

那些经历过家长引导和教育的孩子，明白父母养育的艰辛，明白人与人之间需要爱。这告诉父母，孩子不能溺爱，要从小在家庭中为孩子设立为他人服务的岗位，让孩子从小在为他人服务的过程中体会到他的一份责任，养成关心、照顾他人的良好习惯。如让孩子坚持为下班回家的父母取拖鞋、倒茶水等，事情虽小，但给孩子的影响却是很大的。

孩子不懂得关心他人，很重要的一个原因就是孩子的自我中心意识过重，而这种过重的自我中心意识往往是家长给他们养成的，什么事都依着他，什么东西都让给他，家里所有的人都要听他的，这样就必然养成他“心中没有他人，只有自己”的自我中心意识，这样的孩子是不可能去关心他人的。苏联教育家苏霍姆林斯基说：“爱国主义思想是从摇篮里开始培养的。谁要是不能成为父母真正的儿子，也就不能成为国家的儿子。”教育儿童心中有他人，将来走上社会，才会心中有祖国、心中有人民，成为祖国的栋梁之材。所以，要养成孩子心中有他人的情感，就要从小教育。

1.要让孩子从孝敬父母开始，学会爱别人

家长可以不断地给孩子创造孝敬长辈的机会。例如，让孩子给爷爷奶奶、爸爸妈妈过生日，为父母献上一首歌，说一句祝福的话。孩子会在做这些事的过程中得到长辈的喜爱，得到成人的赞赏，从而强化他孝敬父母、尊敬长辈的意识。

老张有个独生子，但他注意培养儿子关心他人的好品德，并在平时有意识地察看他的表现，是否心中只有自己，没有别人。有一次，老张同他在街上买了一盒巧克力，虽说一盒，实际只有15粒，数量不多，儿子又很喜欢吃，回去究竟如何处理，老张并没有想。但到家后，儿子却首先送了一粒给奶奶后才自己吃。老张欣慰地笑了。

不少孩子的父母认为好东西让给孩子吃，让孩子生活得幸福是天经地义的事。殊不知溺爱孩子其实是害了孩子。要培养孩子心中有他人，应从孝敬父母开始。

2.父母要以身作则，言传身教

模仿是孩子主要的学习方式，特别是行为习惯方面。成人有意识地为孩子树立榜样是有效的教育方法。父母平时要尊老爱幼，热心助人，做关心他人的楷模，为孩子提供具体形象的学习榜样。如吃饭时为父母夹菜，晚上为父母洗洗脚，邻居家遇到困难时主动地去帮帮，等等，孩子的眼睛就像录像机，父母的一言一行会深深地打动孩子的心，在孩子幼小的心灵里埋下爱的种子。

3.家长不要迁就溺爱孩子

要让孩子认识到，他和家里所有的人都是一样的，没有什么特权，自己喜欢的东西别人也喜欢，自己不喜欢的东西别人也不喜欢，所以，自己喜欢的东西就要与他人分享，不能霸占。当孩子做了错事时，家长要让孩子知道错在哪里，也可以反问孩子："要是别人也像你这样行不行?"另外，还要为孩子提供与人交往的机会，让他的同伴到家里玩，将他好玩的玩具拿出来与小伙伴一起玩，好吃的大家分着吃。这样，让他在与伙伴交往的过程中正确认识自己和他人的关系，破除自我中心的意识。

4.父母要经常与孩子沟通，让孩子知道父母的苦与乐

父母要平等地与孩子谈话，把自己的真实感受告诉孩子。例如，当妈妈疲劳地回到家里时，可以告诉孩子："妈妈挤了两个多小时的公共汽车，很累，你能给妈妈倒点水吗?"若是爸爸或妈妈从外面带回精美的点心，可以一家人围坐在一起，让孩子分点心，家长应高兴地接受分享，表扬孩子礼貌、懂事的行为，让孩子养成好东西大家分享的习惯。

5.给孩子提供关心他人行为的机会

例如，爷爷下班回来，爸爸帮爷爷倒杯茶，就让孩子为爷爷拿拖

鞋；奶奶生病了，妈妈为奶奶拿药，就让孩子为奶奶揉揉疼的地方，或者为奶奶凉杯水；自己头痛时就让他帮忙按摩太阳穴，日子长了，孩子会学会许多他应该做的事情。再如上街买菜时，就让孩子帮忙拿一些他能拿动的东西，有好东西吃就他让送给家人吃，孩子每碰到类似情况，孩子就会如法炮制，慢慢就会养成关心他人的习惯。

6.对孩子关心他人的行为给予表扬和鼓励

例如，孩子帮妈妈擦桌子、扫地了，妈妈就要口头表扬孩子“呀！宝贝长大了，知道疼妈妈了，今天能帮妈妈干活了”；当孩子与邻居小朋友玩时，将玩具主动让给同伴玩了，就抚摸着他的头“你真棒”，或者给孩子一个吻等。

总之，父母要建立平等的、互敬互爱的家庭关系。父母不能永远围着孩子转，不能让孩子从小养成吃独食的习惯。通过吃、穿、用等一点一滴的小事让孩子明白父母为了自己所付出的辛苦与汗水，要让孩子理解父母所付出的心血。同时，让孩子知道自己也有义务为别人付出自己的关心和爱护，父母也是需要孩子去爱护、照顾的，家庭是孩子走向社会的准备阶段，心中有他人的人才能担当起社会、家庭的责任，而如何教育关乎孩子的一生！

要尽早在孩子心里种下善良的种子

陈宇是个很懂事、很善良的女孩，而她善良的性格是从很小的时候，爸爸就开始教育的。爸爸常常给陈宇讲故事、讲历史。陈宇至今保存着两块珍爱的徽章，一块上面写着“博爱”，一块上面写着“天下为公”，她常常将它们别在胸前，那是小时候爸爸送给她的，爸爸希望她长大成为一个爱自己的国家、爱自己的民族、有社会责任感的人。他告诉陈宇，人不能光为自己活着。要像孙中山先生等志士仁人一样，以天下为己任。

上学后的陈宇，在学校里乐于助人是出了名的。只要班上有请病假的同学，不管晚上放学多迟、天气多恶劣，陈宇都要去同学家帮助他(她)将落下的功课补上。但有一次，陈宇自己病了，却没有一个同学主动来看她，这使善良的陈宇非常伤心。父亲最懂女儿的心思，他严肃地抓起陈宇的手告诉她：咱们不应计较别人对你的回报，我们不是为了得到而付出，而是为了让这社会更美好。

陈宇的爸爸说，陈宇和所有的孩子一样，原先只是一张白纸，她的好品质是一点一滴积累而成的，他只是起了个启发熏陶的作用。

的确，孩子的善良是从小形成的，孩子这一张白纸，需要父母用心去描绘。

“人之初，性本善”，孩子的本性是善良的。孩子在小的时候，总是会对周遭发生的不公正事情产生情绪，善良是孩子天生的性格，但在后来的成长中，一些父母往往对孩子进行一些特殊的教育，如灌输“社会如何尔虞我诈”“人与人之间如何钩心斗角”“别人打你，你也打他，打不过就咬”“咱们宁可赔钱，也不能吃亏”。也许父母的本意没有错，即告诫孩子学会保护自己，小心上当。可是这些父母都忽视了对孩子进行善良教育。特别是孩子的母亲，要用自己的爱教育孩子“从善如流”，让孩子从小形成博爱、同情、宽容等品德。

一个健康的孩子就好比一棵树，必须以善良为根、正直为干，丰富的情感为蓬勃的枝丫，这样才能结出美丽善良的果子。孩子善良的情感及其修养是人道精神的核心，必须在童年时细心培养，否则难有效果。

那么，家长该怎样让孩子从小保持一颗善良的心呢？

1. 父母之间相互爱护

父母之间相互爱护能让孩子感受到家庭之爱，从小生活在这种环境中，会让孩子有一种积极、温暖的心，父母之间的一言一行都影响孩子的态度。从父母恩爱、彼此尊重的家庭里走出来的孩子，更懂得去爱别人，他们对家人温和亲爱，对外人也谦让有礼。

2.父母要从自身做起，要富有同情心和爱心

这样才能把善良的根植入孩子的心中。涓涓之水，汇成江海，爱的殿堂靠一沙一石来构建。自小给予孩子同情和怜悯的情感，是在他身上培植善良之心、仁爱之情。孩子最初的同情心和怜悯心是成人同情心与怜悯之心的反映。所以，父母同情别人的困难、痛苦的言行会深深打动孩子的心灵，感染和唤起孩子对别人的关心。

例如，在公共汽车上，家长对孩子说："你看，那个阿姨抱着小弟弟多累呀，我们让他们坐到这里来吧。"邻居老人生病，家长带着孩子去探望问候，帮老人做事。新闻报道有人缺钱做手术，生命垂危，家长带孩子去捐款，献上一份爱心……经常看到大人是怎么同情、关心、帮助他人的，对于培养孩子善良品质是最好不过的了。平时让孩子把自己痛苦的感受与别人在同样的情境下的体验加以对比，体会别人的心情，可以使孩子学会理解别人，学会共情。例如，看到小朋友摔倒了，家长启发孩子："想想你摔倒时，是不是很疼？小朋友一定很难受，快去扶

起他，帮他擦擦脸。”某地发生灾情，家长可引导孩子：“那里的小朋友没有饭吃，很饿，没有衣服穿，冻极了，你想想，如果你也在那里，会怎么样？我们去捐点衣服、食品送给灾区的人吧！”……

父母对周围人应表现出真挚的同情，并帮助我们身边正遭受痛苦和不幸的人。父母还应以自己的善良感染和陶冶孩子，在孩子的心中撒播善良的种子。要热忱支持孩子的献爱心活动。

3.父母要学会关爱孩子

父母先学会关爱孩子，才能让孩子关爱别人。可以有以下几种办法。

（1）随时关心孩子的成长和身心发展的状况与需要。

（2）尊重孩子的个性，维护他的自尊与荣誉感。

（3）给予孩子种种帮助与作为，必须具有正面的意义。

（4）确实了解孩子以后，才给予正确的引导与协助。

（5）无论多忙，一定要抽出时间跟孩子谈天，建立亲密的感情。

总之，家长平时注意对孩子一点一滴的培养、一言一行的引导，在平时生活中关注孩子，培养孩子的善心，那仁慈博大的爱心，就会在孩子心头扎下根，并会随着孩子的成长而不断扩展和升腾。孩子就会有一颗仁爱之心，从而爱父母、爱朋友、爱家乡、爱祖国！

让孩子学会主动给予

当前社会，很多孩子都是家庭中的独生子女，长辈把所有的心血都放在自家的“独苗”身上。我们经常可以看到这样的情形：吃饭的时候，孩子在前面跑，大人拿着饭碗在后面追，真是你追我赶、连骗带哄，好不容易才喂上一口。或者是孩子在玩玩具，家长站在旁边一口一口地送到他嘴里。其实这种过度的照顾、过分的关心和保护，会养成孩子只知享受，不知分享和付出，唯我独尊的心理。家长在爱孩子的同时，应该向孩子提出适当的要求，那就是主动的给予，给予爱，学会爱别人，学会付出。每个孩子都是家庭的未来，他就像一张无字无画的纸，交在父母手中，为父为母的责任就是要在这张白纸上添色加彩，使之鲜活，充满生命，从而拥有一个健康的人格，而不能让孩子做一个"自私鬼"，自私的孩子从小到大在家里只知道向大人索取，不知道帮大人分忧，走向社会后也会只想让人家照顾他，不知道主动去关心照顾人家，一旦自己的愿望得不到满足，就会无比气愤甚至走向极端。这样的人，从个体来讲是不受社会欢迎的，从群体来讲则会缺乏沟通、缺乏谦让，最终势必不利于整个社会的和谐与发展。

诚然，爱孩子本是父母的天性，但对孩子过分溺爱和迁就却是害孩子，苏联教育学家马卡连柯曾经指出："一切都让给孩子，牺牲一切，甚至牺牲自己的幸福，这是父母所给予孩子的最可怕的礼物。"因此家长对孩子正确的言行和合理的要求应该给予支持与鼓励，对不正确的言行要求不但不能满足其要求，而且应耐心进行说服教育，使孩子懂得做人的道理，这才是真正的爱孩子。

可见，要让孩子学会主动地给予，就要让孩子懂得索取和付出是相伴相依的，懂得主动给予别人才是立世之本。那么，家长应该怎样让孩子学会给予呢？

1.给孩子树立榜样

孩子是在模仿中学习做人、学会做人的。成人是他们模仿的主要对象。良好的情感和行为一定会给孩子以潜移默化的影响。

2.克服孩子不愿意主动让出物质的习惯

培养孩子慷慨的行为，是培养孩子主动给予的一个重要方面，愿意付出物质的孩子也就能明白给予的第一步。

不愿把自己的东西给别人，这是孩子正常的表现。只有孩子在逐渐学会关心和爱护他人之后，才会变得慷慨起来。追根溯源，培养孩子的慷慨行为，要从让孩子学会关心他人做起。此外，要想让孩子有慷慨的表示，可以给孩子买两件相同或相似的玩具，主动征求他的意见："你有两个同样的玩具，隔壁的孩子一个都没有，咱们送他一个好不好？这样妈妈会很高兴。"在孩子高兴的时候提出这种建议，孩子往往乐于接受。一旦孩子表现慷慨，就要给他积极的反应。但不能以许诺给孩子什么东西为条件，否则孩子的行为只是交换报酬，而不是慷慨。注意这些指导的时机和方式，孩子就会逐渐变得慷慨起来。

3.增强孩子对爱心情感的认识

在平时的日常生活中，家长应注意引导孩子观察什么时候别人难过，什么时候需要自己的帮助。例如，别人摔倒了，别的小朋友不应该站在旁边看，而应该把他扶起来，并帮助他拍掉身上的泥土，问他疼不疼，引导孩子主动关心困难者，帮助别人。

4.让孩子体验爱，教育孩子学会给予爱

这是让孩子学会给予的最终目的。在给孩子爱的同时，让孩子知道别人在给予你爱时所付出的辛劳，从而使孩子产生感激之情，体验并懂得爱。同时要教育孩子学会给予爱，有了对爱心的认识以后，必须采取行动，行动是关键的一步，应教给孩子相应的积极方式。例如，别人生病了，应去看望他。小弟弟摔倒了，应把他扶起来。当孩子有了爱心行动时，应及时肯定表扬，强化孩子良好的情感和行为。但孩子的行动比较单一，缺乏多样的同情行动：如看到一个小朋友哭了，好几个小朋友主动掏出小手帕为他擦眼泪，反而弄得那个小朋友不知所措，针对以上这种情况，引导孩子用别的方式表示对摔倒同伴的关心与帮助，如为他掸土、为他搬小椅子、询问疼不疼、给他揉揉等。

总之，在平时，家长应有意识地去引导教育孩子，爱孩子应爱得理智。这样，在孩子幼小心灵里埋下爱的种子，孩子就会主动地关心别人，并能主动给予。这对于孩子的人格发展很有必要，也不能忽视！

鼓励孩子帮助别人

乐于助人是中华民族的传统美德，是一个人良好道德水准的重要表现，而这一美好的品质，需要父母从小培养。可现在的孩子都是家庭中的“小皇帝”“小公主”，全家的宠儿和希望。家长真是“放在一边怕凉着，搂在怀里怕热着”，害怕自己的孩子受苦、受委屈、受挫折。很多家长都有这样的心理：“我们小的时候条件不好，现在条件好了，孩子需要什么我们都满足他。”孩子在家中随时随地都处于被照顾的地位。他们很少有机会去关心、照顾别人，甚至很少想到别人，除非他们需要别人帮助。这一切看来是自然的、顺理成章的。然而，这对孩子的成长是十分不利的，它不利于孩子优良品格的形成，不利于孩子长大进入社会与人共处，它会妨碍一个人学习、事业上的成功。

其实，良好的品质、爱心和感恩的心、坚强的意志力，坦然地面对失败的抗挫折能力，体谅和宽容他人的博大胸襟等，往往都是在失意的经历中产生的。孩子的一生中会遇到很多挫折，父母不可能保护他一辈子，只有让他受到应有的“抗挫折”教育，他才能在苦难中得到磨炼，而在磨炼的同时，也能感受到父母养育自己的艰辛，事情的成功需要他人的帮助。因此，家长不仅没有必要总是担心孩子受苦、受委屈，而且还应设法创造一些让孩子体验痛苦的机会，这样才能避免孩子产生自私的心理。例如，每次到节假日时，带孩子去参加一些社会公益活动，不仅能培养孩子的爱心，还让孩子接触了社会；当孩子到超市看上比较贵重的玩具时，不妨告诉他，钱是爸爸妈妈辛辛苦苦赚来的，不能随便浪费，当然如果对他是真的有用处，还是要义不容辞地买下来，这样适当拒绝孩子的一些要求，他才懂得生活中还会有不如意；平时在家里让孩子做些力所能及的事，这样他才能体会父母的艰辛……

乐于助人是一种高尚的品质。对于年幼的孩子来说，他们也许尚无明确的认识，不懂得它的社会意义。可是他们都有同情心，这是培养他们乐于助人精神的基础。家长可以利用这点，鼓励孩子主动帮助别人。具体可以从以下几个方面入手。

1.培养他们关心别人

例如，父母要有意识地让孩子从幼儿园回家后先去问问生病的奶奶好些了吗？妈妈下班回来，爸爸让孩子去问问妈妈累吗？爸爸出门办事，妈妈让孩子去代说一句“路上骑车要小心”。

2.从小事做起

要给孩子机会去帮助别人。培养孩子对周围人事与情感的敏锐，并让他们去实践自己所学到的。例如：假设哥哥或弟弟不舒服，让他去照顾，从经验的累积中会使他了解什么是“帮助”。在幼儿园，应教育孩子关心帮助别的小朋友，当小朋友摔倒了，要主动扶起来，并加以安慰。在这种举动中，将会体验到帮助别人的快乐。还例如，妈妈蹲着洗菜，爸爸就可以启发孩子注意到，并让他送去小板凳；奶奶生病卧床，妈妈让孩子给递水、送药。走在路上，看到老人手中的报纸或其他较小的东西掉在地上，让孩子帮助捡起。

3.注意启发孩子的同情心

孩子的行为绝大多数是由感情冲动引起的，而且行为过程带有很浓的感情色彩。那么，在让孩子做某件事情时，最好从启发他的情感入手，例如“你看那位老爷爷弯腰多吃力呀！赶快帮助他把报纸捡起来吧！”这比“你应该帮助老人”的效果好得多。

4.有赖于家庭成员的榜样作用

家长是孩子第一个模仿的对象，一定要以身作则。鲁迅先生曾尖锐地指出：“父母不仅可以把自己的优秀品质传给后代，其恶劣性，不良性格，不好的生活习惯也会潜移默化地影响孩子。”孩子是父母的一面镜子，家长的行为常在孩子身上反映出来。因此，家庭成员间互相关心、邻里间的互相帮助等，都能直接地教育孩子。有了大人的示范，再遇到类似的情形时，孩子自然而然就会学着大人的做法。

5.家长对孩子的行为所持态度

对于孩子热心帮助他人的做法，家长要予以肯定、支持。万万不可教育孩子“少管闲事”。甚至孩子因帮助别人还挨批评。要知道家长的态度时时影响着孩子，是在塑造着孩子的未来。家长在启发、支持、赞赏孩子助人为乐的行为时，还可逐渐地向孩子讲明为什么要这样做，帮助孩子提高认识，逐渐形成较为明确的行为标准，亦即提高孩子的道德认识。

如果孩子看见别人有困难，如摔倒了、生病了等，父母都应该趁机对孩子进行正确引导，然后帮助别人，让他分享帮助人的感觉与快乐，为孩子增添一种良好的品德，帮助他们形成“利社会”的自我形象，毕竟一个乐于助人的人不是“自私鬼”，一个乐于助人的人能获得社会更高的评价！

学会换位思考，孩子才更有同理心

家庭是人生的第一课堂，父母是人生的第一任老师。也有人说：家庭是孩子的一面红旗，父母是孩子的一面镜子。父母对孩子的影响是很大的。当今社会，很多孩子都是独生子女，生活条件优越、长辈宠爱，都是以自我为中心，很少会为别人考虑。孩子自我中心的形成往往与不恰当的教养方式有关。为了让孩子健康地成长，每位家长都有责任在孩子的心灵播撒一颗爱的种子，只有当这粒种子在孩子的心灵生根发芽时，他的心中才能装得下别人。

孩子以自我为中心是有一定的发展阶段的，这个阶段需要家长的及时引导，不然就会养育出一个自私自利的孩子。

自我中心是儿童早期自我意识发展的一个必然阶段。新生儿处于蒙昧未开的状态，没有客我之分，他们吮吸自己的手跟吮吸其他东西没什么两样。到了两三岁，孩子的自我意识开始萌芽，开始把自己从他人和外界事物中区分开来。学着使用“我要”“我有”和“我的”等带有第一人称的代名词。此时，自我意识发展到自我中心阶段。在此阶段，儿童以自我为中心观察世界，认为周围的人和事物都跟自己密切相关。他们往往从自我角度来进行行为选择和活动设计，而不考虑他人。

随着孩子交往活动的增加，孩子逐渐有了他人意识，进而逐渐认识自我和他人的关系。到了四五岁，儿童不仅能够知道自己的行为会给自己带来什么好处，还能够进一步理解到自己的行为会给周围人带来什么好处。此时，我们可以看到儿童愿意为了集体活动的成功而行动。

可以说，自我中心人人都有，只是程度和发展速度存在个体差异。如果自我倾向过于严重，甚至到了六七岁还停滞在自我中心阶段，这就成了问题，是高级心理机能发展不充分的结果。这类儿童往往把注意力过分集中在自己的需求和利益上，不能采纳他人的意见。对于与他认识不一致的信息，决然不能接受。因为他不懂得，除了自己的观点之外，还可以有别人的观点；他认为别人的心理活动和自己的心理活动是完全一样的。

由于孩子年龄小，具有可塑性，才容易把感恩的种子埋在心田，并不断开花结果。这个过程少不了家长的引导、指点。那么，家长该怎样引导年幼的孩子克服自我中心的心理呢？这就需要教导孩子学会换位思考。

1.让孩子清楚自己的份额

从孩子三四岁起，就要让孩子开始认识到自己在家庭中的位置。例如，有了好吃的，不要只留给孩子一个人吃，可以根据家里的人数分成几份，让他知道自己的食物只是其中的一份，而不是全部，懂得与人分享的概念。如果爸爸妈妈舍不得吃，可以留给孩子，但是要让孩子知道这种“优待”之中有父母的自我克制和爱，并不是理所当然。

2.让孩子多替别人想想

孩子之所以会以自我为中心，是因为他不知道自己的行为会给别人带来什么样的负面影响，可以引导孩子站在他人的角度思考问题。

有位家长是这样教育自己的孩子的：“有一次，朋友给我的儿子买了一顶帽子。儿子一戴，抱怨帽子小，戴着还觉得头皮发痒，一脸的不高兴，更没有主动表示感谢之意，弄得我很生气，朋友也一脸尴尬。等朋友走后，我就问儿子：‘如果你买了一个礼物送给别人，结果人家看到你送的东西一脸的不高兴，你心里会怎样想？如果对方高高兴兴地接受，并大大方方地谢谢你，你是不是会很愉快呀？’儿子知道自己做得不对，当天就打电话给送礼物的阿姨表示感谢，并为自己的失礼道歉。后来，儿子渐渐学会换位思考，没有我们的指点，他也能独立地面对别人的好意而主动说出感谢、感激的话了。”

3.让孩子学会分享

在许多人眼里，帮助他人，意味着付出，意味着对自我的克制，其实更多的人还是在助人的过程中发现了快乐，帮孩子体会与人分享带来的快乐，他会更愿意与人分享并帮助他人。应尽量避免给孩子树立负面的榜样。

第10章

善于自律，性格成熟的孩子更有自制力

我们经常听到有些家长抱怨自己的孩子不能控制自己：上课时不是做小动作，就是窃窃私语；一回到家就看电视，一写作业就坐立不安；课外作业马虎了事，甚至时常打折扣；喜欢吃零食，乱花零花钱……说到底，孩子缺乏自我控制能力，而其实，这是孩子性格不成熟的表现。对此，父母要明白，孩子自我控制能力的形成有一个过程，长期有意识地帮助孩子学会自制，对于他们以后的成长和发展有极其重要的积极作用。

培养孩子抵制诱惑的能力

只要在这个世界上生存，就会接触到来自各方面的诱惑。抵制诱惑并不是每个人都能做到的，因为每个人都有许多需要，有衣、食、住、行的需要，也有爱的需要。如果这些需要既符合我们的眼前利益，又符合我们的长远利益，我们就应该努力满足这个需要。例如，求知的需要就是这样的需要。然而，有些需要只能满足暂时需要，却造成长远的、重大的损失。如果这个需要吸引着我们，这就是诱惑。如吸烟、喝酒、赌博等，这些嗜好只能满足我们的一时快乐，从长远角度看对我们有害无益。

处于成长阶段的孩子，如果对来自社会各方面的诱惑缺乏一定的自我控制能力，很容易步入误区，这就需要父母的教育与引导。现代社会，大部分家庭因为孩子是独苗苗、独生子，害怕孩子受到任何伤害、吃一点点苦，于是包办孩子的一切，但家长却忽略了诱惑的存在，温室中长大的孩子对诱惑没有辨别力，更谈不上抵制诱惑了。

处于身心发展过程中的孩子，许多活动虽能带来一时满足，却贻误终生。所以，遇到的诱惑格外多，主要有以下几种。

1.玩的诱惑

游戏机、体育活动、电影、电视，有的孩子不顾一切地去玩儿，

“活到老，玩到老”，从不想玩过之后如何面对老师和家长；还有孩子玩过后总后悔，但每次都经不住诱惑。

2.考试作弊的诱惑

一些孩子希望考出好成绩，可又不努力用功，经常在考试中作弊，他们表面上有了一个好成绩，但在中考、高考中却露了馅，最后只能是自欺欺人。

3.享乐的诱惑

社会上的流行时尚、美酒、美食、名牌服装等也是一种诱惑，一旦满足了这些需求，孩子就会丧失进取的动力，不能安心学习。

这些诱惑是不易抗拒的，因为它们能给人带来巨大的满足和快乐，可从长远立场看，它们造成的损失与痛苦远远超过暂时的满足。所以，孩子必须抗拒诱惑；也只有抗拒诱惑，才能走向成功。

那么，家长该怎样帮助孩子抵制诱惑呢？

1.要让孩子知道为什么要抵制诱惑

要让孩子知道不抵制诱惑就可能沾染不良习气，就可能受到伤害或者伤害别人，就可能产生不良后果而影响自己的生活甚至以后的人生。

2.要让孩子知道应该抵制哪些诱惑

一切可能让自己偏离方向，产生不良后果的，都应该抵制，如色情信息、江湖义气等。

3.要让孩子知道怎样抵制

这也是最为重要的：要从内、外两方面抵制，既要抵制自己的不当想法和不良行为，又要抵制外界对自己的不良渗透和诱导。

具体说来，父母应该引导孩子做到以下几点。

1.用知恩感恩抵制自私自利

自私自利的孩子更容易被诱惑。自私自利会让孩子变得一切以自己为核心，而不顾及别人的感受。长期如此就会培养出损人利己的个性，会诱发出很多不良习惯，并造成诸多难以挽回的后果。让孩子认识到哪些是对自己的帮助、关爱和恩惠，并懂得用一颗友善的心来感恩、回报。这将培植出更能令外界接受的人格魅力，有利于日后人际关系的确立和自身的发展。

2.用知责担责抵制放纵任性

孩子放纵任性大多是因为缺乏责任教育。很多孩子不知道自己来到这个世界上是有使命、有责任的。要让孩子知道对自己、对家庭所担负的责任，知道自己不恰当的行为会出现不良的后果，并必须为此承担一定责任。孩子的责任感强了，放纵和任性心理就会削弱，就会在主观上要求自己避免做出过格的事情。例如责任感会促使孩子避免过早发生性行为。

3.用善良慈悲抵制施害作恶

孩子的本性都是好的，告诫孩子不当行为会给别人带来痛苦，会使自己背负罪责。引导孩子用善良和慈悲心对待事物，为人处世尽可能换位思考，多考虑对方的感受，多考虑是不是会伤害到别人的利益。只有努力使自己做一个“己所不欲，勿施于人”的人，才能让自己远离罪恶、减少过错。

4.用意志品质抵制渗透诱导

孩子抵制不住诱惑，主要是缺乏顽强的毅力和想去抵制的意愿。抵制诱惑和不良渗透，也是磨砺孩子意志品质的一个过程。诱惑越大，需要的抵制能力就越强，抵制住则证明孩子的毅力和意志够坚强。帮助孩子培养顽强的毅力和坚强的意志，才能更好地抵制诱惑，才能避免被“拉下水”而出问题。

当然，除了以上几点外，还需要一些方法。例如，家长要为孩子鼓劲，及时与老师沟通交流，努力提高孩子的学习能力，以争取更好的成绩。学习成绩对于一个学生来说还是很重要的，好成绩会带来更好的成绩，从而步入一个良性循环；相反，挫败感会使新的失败接踵而来，从而步入一个恶性循环。成绩如果差，孩子会产生厌学心理，破罐子破摔，再加上过剩的精力，必然会把孩子推向一些不良嗜好，步入种种诱惑的陷阱。

所以，家长要帮助孩子树立必胜的信念，增强他们抵制诱惑的信心。久而久之，孩子对诱惑也就有一定的免疫力了。

不让孩子养成粗心马虎的习惯

马虎粗心是人类性格中的一个缺点。无论成人还是孩子，因为马虎粗心而造成不良后果的事件很多。可以说，一定程度上马虎粗心就是缺乏责任心的表现，父母只有培养孩子的责任心，训练其缜密的思维，注意细节问题，才能在未来社会的竞争中立于不败之地。

孩子爱马虎、粗心的毛病，多半是家长没能在孩子小时候多加培养，没有给孩子养成细心认真的好习惯所导致的。粗心的毛病容易给人带来麻烦，不但影响孩子的学习成绩，还有可能给人们的生活带来不幸，给社会带来灾难。“小马虎”从表面上看似乎不是什么大毛病，但若不及时纠正，却可能造成严重后果。对此，我们就要在孩子还小的时候纠正他们马虎粗心的缺点，不要使其成为习惯。要纠正孩子马虎粗心的习惯，首先要找出他们马虎粗心的原因。

马虎多与家长的教育有关系，如果在孩子幼年时期没有对他们进行过系统的训练，或是常让孩子一心二用，边看电视边写作业，或是让孩子在一个嘈杂混乱的环境里学习，都有可能养成儿童粗心马虎的毛病。

那么，怎样让孩子不养成粗心马虎的习惯呢？

1.从培养孩子的责任心做起

孩子的马虎粗心，最根本原因是缺乏责任心所致。一个有很强责任心的人，做任何事情都不可能马虎、粗心。所以要纠正孩子马虎粗心的习惯，要从责任心的培养做起。因为有了责任心，他自然能够小心谨慎地对待每一件事情。

家长应少一些包办、少一些关照、少一些提醒，让孩子自己处理自己的事情；让孩子多承担一些家务劳动，多做一些力所能及的事情，以培养孩子的责任心。有时候家长要狠得下心来，让孩子吃苦头、受惩罚。

例如，上学前让孩子自己整理该拿的东西，如果他忘了，你也不要给他主动送去，而要让他受批评、受教育。再如，孩子外出之前，让孩子自己准备外出所带的食品和衣物。家长只做适当的提醒和指导，不要大包大揽，也不要强行将自己的意志强加于孩子，等他少带了食品、少带了衣物，或落下别的什么东西，在外吃了苦头的时候，他自然会吸取教训，责任心自然而然会加强。等下一次外出的时候，肯定不会粗心，肯定不会丢三落四了。

2.从培养好的生活习惯做起

如果一个孩子的房里一团糟，鞋子东一只、西一只，他的作业往往字迹潦草、页面不整，做事丢三落四、凭兴致所至，观察没有顺序、思考缺乏条理，表现出典型的马虎粗心的特点。因此，从生活中小事做起，培养孩子良好的生活习惯，能减少孩子的马虎粗心。常用方法是：让孩子整理自己的衣橱、抽屉和房间，培养孩子仔细、有条理的习惯；让孩子安排自己的课余时间和复习进度表，培养孩子有计划、有顺序的习惯；通过改变孩子的行为习惯来改变他的个性。日久天长，孩子的马虎粗心就会渐渐减少。

3.培养孩子集中精力学习的好习惯

有的家长，不管孩子是不是正在学习，都把电视机开着，或者自己打牌搓麻将。这些做法都会造成对孩子的干扰，使他不能集中精力去学习。久而久之，孩子便养成了一心二用的坏习惯。有的孩子放学回家以后，总是先打开电视，然后边看边写作业，或者耳朵上戴着耳机，一边摇头晃脑地唱着歌儿，一边做习题。试想，这样怎么能聚精会神呢?

4.引起孩子对考试的重视

虽然社会让家长和老师不要过分看重分数，不要给孩子增加太多的考试压力，但这并不意味着让孩子轻视考试，对考试漫不经心，考试毕竟是检验孩子学习状况的一种手段，应该让孩子重视起来。对考试重视的孩子，也就能在其他事情上认真起来。

5.培养孩子认真的习惯

有些孩子马虎，是和性格分不开的。一般来说，马虎粗心的孩子开朗、心宽、不计较。这是他们性格中的优点，应该加以肯定、保护，但性格外向的孩子更易患马虎大意的毛病。所以，更需要家长在性格上多加培养，引导他们遇事认真、谨慎。

认真是任何人做好一件事情的前提，如果对什么事情都敷衍了事，草草出兵，草草收兵，必然做不好。然而认真、不马虎是一种习惯，要孩子克服马虎的毛病，需要家长的指导和帮助。光靠说教不行，要靠平日里的习惯培养。久而久之，孩子也就有了自我控制的能力，把认真当成一种习惯。

别让懒散成为孩子成长路上的绊脚石

“现在的孩子知识面广，脑子灵，就是有点‘懒’”，这是很多家长对孩子的评价。当然，孩子懒散的原因是多方面的，但主要是因为现代社会家长对孩子的娇宠，在衣来伸手、饭来张口的家庭生活中，孩子缺乏劳动习惯而变得懒散，久而久之，导致动手能力差，做事缺乏毅力和耐力。孩子作为社会的接班人，必须发挥先辈艰苦奋斗的作风，不能让懒散成为成长的绊脚石，这就要家长帮助孩子改掉做事不肯钻研，怕苦、怕烦的坏习惯。

的确，教育就是培养习惯，好的习惯成就好的性格，良好的行为习惯要从小培养，若不想自己的孩子成为小霸王、小懒虫、小磨蹭，明智的做法就是不做“有求必应”的父母。

生活中懒散的孩子可不少，懒惰是孩子学习乃至生活中的天敌。懒散会导致孩子抗压力能力差的性格缺陷，给以后的学习和生活带来很多困难，懒惰的孩子喜欢成天闲荡，听课精神不振，不做作业，也不温习功课。那么，父母怎样帮孩子改变懒散行为呢？

1.帮助孩子合理安排时间

懒惰常常与生活散漫分不开。养成有规律的生活节奏是矫治懒惰习性的第一步。日常生活井然有序的人，做事就不会拖拖拉拉。

2.激发孩子学习兴趣

兴趣是勤奋的动力，一个人对某项事物产生兴趣，便会积极主动地投入，消除怠惰。有位同学原来对课本学习不感兴趣，上课随便讲话、做小动作。班主任老师在一次家访中，发现他爱饲养小动物。于是班主任老师有意让他参加生物兴趣小组，并委托他饲养生物实验室的金鱼。由于他的兴趣得到合理引导，使得他不仅在课外活动中主动积极，而且生物课学习也表现得十分认真。

3.让孩子独立解决问题

依赖性是懒惰的附庸，而要克服依赖性，就得在多种场合提倡自己的事情自己做。家长不要做孩子的贴身丫鬟，面对懒散、抗压力差的孩子最好方法是不要为他们做得太多，安排好所有的事情其实是害了他，让他自己面对生活必需的事情。例如，独立地解一道数学题，独立准备一段演讲词，独立地与别人打交道等。

4.培养孩子的自理能力

自理能力对孩子自我意识和独立人格形成有重要影响。那么，如何培养孩子良好的自理能力呢?

（1）家长要根据不同的年龄阶段，不断地教会孩子生活的本领。要正确对待孩子学习中表现出来的“笨拙”，对孩子的失败要有足够的耐心和宽容。

（2）凡是孩子力所能及的都尽可能让孩子自己去做，孩子应该自己管好自己的东西。家长要教给孩子一些应付意外的办法，如迷路时应向何人求援等。

（3）孩子面临不知如何处理的事情时，不要立即帮助他，应从旁观察出现困难的地方，然后鼓励他、提示他，协助他自己解决，从而树立他的自信心。

5.不回避挫折

生活是最好的老师，逆境中学到的东西往往比顺境时多，帮孩子回避挫折，就让孩子失去了学习的机会，他将来要花更大的代价去补习。

6.培养孩子勤奋的作风

学习懒惰是一种不良的行为习惯，也反映了一个人对生活、对学习的一种态度和观念。所以，要帮助这些同学认识到勤奋是人不可缺少的美德。勤奋可以改进自己的学业，可以使人事业成功、生活幸福。勤奋的人比懒惰的人有更多的人生乐趣。

7.让孩子加强体育锻炼，保持情绪上和体力上的活力，改正懒散习惯

有些孩子学习懒惰因身体虚弱或疾病，致使身体容易疲乏，学习难以持久。应鼓励他们多多参加体育活动，改善营养或积极治疗，以增强体质，增强生命的活力。

一位母亲说：“我可以用很懒散来形容儿子。他睡瘾很大，白天也爱睡，书看不到半小时，他就开始打瞌睡。想让他帮忙做点事，我还没开口，他先喊累，没有小孩子应当有的朝气。我认为他之所以懒散，是因为缺乏活力。于是，我先帮他采取‘分段学习’法，学习半小时休息10分钟，背英语课文也一样，背两段休息一会儿。复习迎考时，我与他

用问答方式整理资料，避免他一个人学习时打瞌睡。做完作业，我会赶他下楼和他踢足球、打羽毛球，使他保持活力。坚持的结果是：儿子在中考中取得了意想不到的好成绩，考上了重点高中。他尝到了甜头，情绪很高，对未来也信心十足。”

8.做孩子的坚强后盾

鼓励孩子学会处理自己的事情，当遇到挫折时，告诉他“无论发生什么事，我都会在你身边”。例如：

（1）多用三个字的“好话”：好可爱！好极了！好主意！好多了！真好呀！做得好！非常好！恭喜你！了不起！很不错！太棒了！

（2）多用四个字的“好话”：太奇妙了！真是杰作！那就对了！多美妙啊！我好爱你！继续保持！你很能干！做得漂亮！

（3）多用五个字的“好话”：做得好极了！继续试试看！真令人惊讶！真令人感激！真的谢谢你！你办得到的！你帮得很对！你真的可爱！你走对路了！

家庭作为具有血缘关系的社会群体，以其先入为主的重要性、多维性、家庭群体中交往接触的密切性，成为孩子接受教育的第一所学校，形成他最初的观念，成为他接触其他现实影响的过滤器，良好的家庭与家庭教育将为个人成才提供有利的基础。家长要明白，懒惰的原因是多种多样的，家长要根据不同的起因灵活采用不同的纠正方法。另外，懒惰是一种不良的行为习惯，“冰冻三尺，非一日之寒”，所以，孩子的懒惰行为不是一朝一夕就能改变的，家长要鼓励孩子持之以恒，为孩子适应未来激烈的社会竞争做好准备！

引导孩子控制自己的欲望

人的欲望是无限的，但作为一个身心健康的人，一般都能控制自己的欲望，而被欲望控制的人将没有幸福感。控制自己的欲望，需要从小就要学习。否则，年龄越大，越是难以控制。随着物质生活的丰富，现在的孩子越来越容易得到物质上的满足，导致孩子的欲望越来越强烈。很多时候，家长很宠爱孩子，对孩子的要求百依百顺。哪怕孩子要天上的星星，家长都恨不得找到一个可以登天的梯子上去摘几颗下来。可是，这样对待孩子真的是为了孩子好吗?

家长一定要让孩子学会如何靠自己的双手去获取幸福，脚踏实地、一步一个脚印地追求梦想，而不是被欲望控制，成为欲望的傀儡。具体说来，家长可以从以下几个方面帮助孩子控制自己的欲望。

1.要让孩子懂得一切事物都有个度

让孩子明白欲望无止境，这主要是让孩子进行心理暗示，让孩子体会到控制欲望从而拥有幸福感的快乐。相反，也要让孩子学会对比，要告诉孩子，不能买的东西，就是不买。不能因为孩子的任性就满足孩子。要告诉孩子，有些时候，想要的东西，不一定就非要得到。不该要的东西，就不能要。让孩子知道，有些欲望是不能满足的。

2.通过激励的方法，锻炼孩子控制欲望的能力

家长可以采取适当的奖励来鼓励已形成的自制能力。当孩子有了好的变化时，如果得不到及时的关注和激励，这种行为可能会退缩，回到原来的状态。家长可以采取以内在奖励为主、外在物质奖励为辅的手段来对孩子进行奖励。内在奖励，如用真诚的、赞赏的语气对孩子说：

“你真的长大了，如果你坚持下来的话，你一定会成功的！”尤其是那些平时很少和孩子交流的家长，家长的关注会让孩子更加坚定上进的信心。外在物质奖励不要过于频繁，而且最好用于结果而不是过程。例如，当孩子通过一段时间的努力，不再对购买玩具有强烈的欲望时，你可以对他进行适当的物质奖励。

3.家长要帮助孩子设立适宜的目标

这有利于让孩子形成一种满足感、成就感，对于帮助孩子控制自己的欲望也是有帮助的。当然，孩子的自我期望要建立在符合自己的实际情况、切实可行的基础之上。孩子应该有理想、有志向，但这种理想和志向不能是高不可攀的，也不能是唾手可得的，而应该是通过一定的努力，可以实现的适宜的目标，应该符合个人的个性特点和实际能力水平。

从心理学的角度讲：为了要达成一个大的目标，不访先设定一个小的目标，也就是阶段目标，这样会比较容易操作和实现。因为许多人会因为目标过于远大或理想过于崇高而心灰意冷，从而放弃追求，这是很可惜的。家长应该从中吸取教训，可以帮助孩子设定阶段目标、近期目标，孩子便会很快获得令人满意的成绩，在他逐步完成自己的小目标的过程中，他就同时有了很强烈的心理满足感，心理的压力也就会随之减小，大目标经过个人的努力，也就总有一天会实现。

但家长要注意，帮助孩子学会控制自己的欲望，这是一个循序渐进的过程，因为自制力不可能是一念之间产生的，也不是下定决心就可以立刻形成的，这需要一个过程。如果你给孩子规定从明天开始就要好好学习，他们达不到目标时往往会产生挫折感和无能感，丧失改变自己的信心。所以，自制力的形成不要期望一蹴而就。例如，你可以让孩子在第一周时每天学习1个小时，少玩15分钟；倘若做到这一点的话，第二周每天学习1个半小时，少玩20分钟；再做到这一点的话，就可以每天学习2个小时，少玩30分钟。当行为变成一种习惯时，这种控制欲望的自制力也就自然而然地形成了。任何坏习惯的改变或好习惯的形成都可以采取这个方法。请记住，循序渐进，有利于培养孩子的自信心，并且不会给孩子造成过大的心理压力，使他们能轻松地拥有自制力！

让孩子学会控制自己的脾气

生活中经常会发生一些不快的事件，这些事件会影响人们的情绪，尤其是遭受挫折时，人们会沮丧、抑郁，孩子当然也不例外，如孩子在学校没有考好，没有被评上三好学生或者被同学欺负了等，这时孩子就会出现明显的挫折感，他们不高兴，就会找一种发泄的方法，发脾气就是其中最常见的一种，甚至有些性格懦弱的孩子还会哭闹。一碰到孩子哭闹，父母就觉得是自己没有做好，内心有愧疚；还有的妈妈听不得孩子哭，孩子一哭就要想办法制止；还有一些家长，面对孩子哭闹或是发脾气，自己也按捺不住心中的怒火，或是训斥，或是打骂孩子。这些都是错误的解决办法，只能强化孩子的这种消极心理。

溺爱孩子，就是认同孩子发脾气是正确的，而家长的认同是孩子的“通行令”，只能增长孩子的坏脾气。父母如对孩子比较粗暴，动不动就训斥孩子，孩子对各种事情没有任何解释和发言权，这样会使孩子减少或缺乏学习用语言正确表达情感的机会，也就有可能最终学会粗暴待人等不良习惯，这会对孩子的性格形成造成消极影响，不利于孩子以后的生活和事业。

那么，家长该怎样引导孩子学会控制自己脾气呢？

1.管理好自己的情绪，给孩子做个榜样

如果家长自己都不能很好地管理自己的情绪，如孩子哭闹时，自己先忍不住，要么逃避，要么以不耐烦甚至粗暴的态度面对孩子的话，孩子是不可能学会正确管理情绪的。这就需要家长明白以下几个道理。

（1）要想正确面对孩子的哭闹，首先我们需要了解孩子为什么会这样做。

家长需要认识到，哭闹和发脾气是孩子心情不好的时候的一种本能表现，是孩子发泄心中负面情绪的一种方式。一方面，他们还小，不能很好地控制自己的情绪；另一方面，孩子需要学习其他更能够被别人接受的方式，让自己心情平静。

（2）孩子的哭闹和发脾气，并不是坏事。

孩子的哭闹和发脾气，其实是好事，因为让负面情绪发泄出来，孩子的心理才健康。家长要做的不是压抑孩子、不让他们哭，而是要帮助孩子逐渐学习如何通过其他方式来发泄。由于孩子情绪控制能力比较差，他们时不时地发“小脾气”是常见的事情。

帮助孩子控制自己的脾气，这需要一个过程，因为孩子的自控能力不是一下子就能形成的。可能在很长的时间里，家长都需要耐心地面对孩子的哭闹，并逐渐引导孩子学会其他的发泄方式。中国有句老话：“孩子见了娘，没事哭三场。”确实，孩子在母亲面前，要比在别人面前更爱哭闹。这是非常正常的现象，妈妈们千万不要担心，别以为这样会把孩子惯坏。

2.要认识到成功的沟通没有秘诀，和孩子的沟通能有效地帮助孩子控制自己的脾气

沟通没有通用的模式，与一个孩子沟通的方式并不一定适合于另一个孩子。因此，父母必须根据自己孩子的特点，创造自己的沟通方式。

3.帮助孩子找到合理的发泄情绪的方式

有的家长特别怕孩子哭，一看孩子哭，就会纵容孩子的某些错误做法，或者给孩子许诺、满足孩子的“无理要求”。如孩子一哭就答应给孩子买糖买玩具什么的，这样做，不仅不能解决问题，还会让孩子发现，哭闹能换来很多“好处”，以后，他会更多地采用这一“秘密武器”。

总之，让孩子学习控制情绪，首先应尽量做到使孩子在合理范围内有充分表达情绪的权利，因为孩子能够充分地、合理地表达自己的情绪，正是孩子心理发育基本健康的标志。但毕竟是孩子，他的情绪表达方式难免会有偏颇，有时会发生对己和他人都不利的情绪过激现象，如孩子因发脾气与别的孩子争吵打架，可能伤着自己和对方，冲着长辈和老师发脾气则是不礼貌行为，或者脾气上来碰头捶胸、摔砸物品等都是不对的。遇到这些情况，父母不应视而不见，而要采取一致意见进行严厉制止，让孩子知道发泄情绪也应有一定的度，自己发泄情绪不应损害别人的利益和损害物品，父母要努力成为孩子愿意倾吐秘密的对象，成为对孩子的事情感兴趣的人。只有这样，孩子才乐于向他们敞开心灵。慢慢地，孩子就学会控制自己的脾气了。

第11章

乐观向上、性格阳光的孩子才有幸福人生

心态就是心灵的态度，好心态就如一缕和煦的阳光，照亮人们心中每一个阴暗的角落。对于成长路上的孩子来说，成功与失败，顺境与逆境，平坦与坎坷……这些都是他们会经历的人生经验。好心态是修炼好性格的最重要的基础。为此，父母要教会孩子，在各种遭遇面前，调适自己的心态，这不管是在现在的学习还是在今后的事业当中，都是孩子应该掌握的“心灵的技艺”！它使孩子接纳生活、领悟人生，让他们在成长过程中更快获得成熟的性格，跻身优秀者的行列。

培养孩子积极乐观的心态

乐观的人往往善于在平凡的生活中找到快乐，在不愉快的情境中找到欢乐，能轻松自如地化解一些尴尬，以积极的心态去面对生活，不但自己整天开开心心，也因此感染别人，使别人也同样感到快乐。可见，乐观的心态对人来说是很重要的。

心理学的研究表明，乐观的孩子开朗、活泼；对待生活热情，不怕失败，敢于尝试；对事物充满极大的兴趣，创新意识较强。乐观的孩子在学校的表现往往比较好，长大了也容易获得成功。那些成功人士，无不有着乐观的心态，而他们乐观的心态，往往是在经历了人生的磨难和生活的历练以后获得的。相反，现在很多家庭，父母辛苦打拼，全部心血都是为了孩子。家长满足孩子的一切要求，好吃的，好穿的，好玩的，甚至还想要给孩子留下一笔可观的财产，父母想着孩子的一辈子。可是这样优越的生长环境，却造成了孩子心灵上的空虚，凡事悲观消极、闷闷不乐。这正是吃苦教育的缺失造成的。

乐观的心态不是每个人都会拥有的，但是可以培养，从童年时代就应该开始培养。作为家长，在孩子的成长过程中我们一般只注重孩子的健康和智商，却忽略了影响孩子一生的至关重要的一点，那就是孩子健康的心理。那么，家长该如何培养孩子积极乐观的心态呢?

1.勿对儿童控制过严

家长当然不能对孩子不加管教、听之任之，但是控制过严又可能压制孩子天真烂漫的童心，对孩子的心理健康产生消极作用。不妨让孩子在不同的年龄阶段拥有不同的选择权。只有从小能享受选择权的孩子，才能感到真正意义上的快乐和自在。

（1）让孩子有时间享受“不受限制”的快乐。孩子一旦开始喊叫、跳跃，父母便会想办法制止，孩子只好越来越乖了。但由此带来的是：孩子的热情和活力在一点点丧失，孩子的心灵也感受到了压抑。

（2）体育活动。好的身体状况和运动技能，有利于孩子树立正确的自我形象观。

（3）笑出声来。笑出声来，对家长和孩子的健康都有好处。

2.鼓励孩子多交朋友

不善交际的孩子大多性格抑郁，因为时时可能遭受孤独的煎熬，享受不到友情的温暖。不妨鼓励孩子多交朋友，特别是同龄朋友。本身性格内向、抑郁的孩子更适宜多交一些开朗乐观的朋友。

3.教会孩子与人融洽相处

和他人融洽相处者的内心世界较为光明美好。父母不妨带孩子接触不同年龄、性别、性格、职业和社会地位的人，让他学会和不同类型的人融洽相处。当然，孩子首先得学会跟父母和兄弟姐妹以及亲戚融洽相处。此外，家长自己也应与他人相处融洽，做到热情、真诚待人，不势利，不在背后随意议论别人，给孩子树立一个好榜样。

4.物质生活避免奢华

物质生活的奢华会使孩子产生一种贪得无厌的心理，而对物质的追求往往又难以获得自我满足，这就是为何贪婪者大多并不快乐的根本原因。相反，那些过着简单生活的孩子，往往只要得到一件玩具，就会玩得十分高兴。

5.让孩子拥有适度的自信

拥有自信与快乐性格的形成息息相关。对一个因智力或能力有限而充满自卑的孩子，家长务必发现其长处发扬光大，并审时度势地多做表扬和鼓励。来自家长和亲友的正面肯定有助于孩子克服自卑、树立自信。

6.创建快乐的家庭气氛

家庭的气氛，家庭成员之间的关系，在很大程度上会影响孩子性格的形成。研究表明，孩子在牙牙学语之前就能感觉到周围人的情绪和氛围，尽管当时他还不能用语言来表达。可以想见，一个充满了敌意甚至暴力的家庭，绝对培养不出开朗乐观的孩子。

父母最好不要在孩子面前争吵，如果被孩子看到或听到，必须当着孩子的面解决，表示父母已和好，还会和以前一样快乐地生活，这样有利于孩子的心理健康，不会对孩子造成对未来生活的恐惧感。

在对孩子的教育上，不能是父母一方在教育而另一方却在偏袒，正确的做法是父母阵线一致，当然对孩子的教育以讲道理为主，而不是靠“打”。不过，对于一些原则性的问题，如说谎、偷东西、逃学等，如果屡次说服教育不听，可以用“打”的手段以引起孩子的警戒，但“打”要在让孩子认识到错误并不再犯的同时也应顾及孩子的自尊心，打后应及时给予孩子抚慰，让孩子明白打他的理由和父母的良苦用心及对他的爱。

7.不要苛求完美

父母不可太过于追求完美，父母如果总是对孩子表示不满和批评，会伤了孩子的自尊，使他失去自信。

教育是一门艺术，每个孩子的教育结果就是父母的艺术成果，历经磨炼的孩子往往更乐观，面对问题和挫折更能以平和、阳光的心态面对，好心态能让孩子在成长的路上走得更稳健！

警惕抑郁，别让它吞噬孩子

对于儿童期的孩子来说，他们是一个特殊人群，经历着身心各方面的急剧变化。一方面，在神经内分泌的调节下，其生长速度明显加快，与此同时，其心理变化也极其迅速。家庭的气氛、家庭成员之间的关系在很大程度上会影响孩子性格的形成。父母一定要注意孩子的身心发展，其中，抑郁心态就成为儿童健康成长的重要障碍。

明明曾是那么充满活力的一个孩子，学习成绩一流，还是学校排球队的队长。他在教学楼的走道里，停下来向每个他认识的老师和同学问好，但仍然可以准时在上课之前赶到教室。但现在，他却不再问候任何人，动作也不再敏捷。他看起来并没有病，他说自己没有精力，总是莫名其妙地难过，在快要考试的这段时间，他也不能集中注意力。后来经心理医生诊断，他患了抑郁症。

和明明一样心理抑郁的儿童并不少见，抑郁的表现形式各有不同，表现影响最普遍的形式有以下几种。

（1）大部分时间感到沮丧或忧愁。

（2）缺乏活力，总是感到累。

（3）对以前喜欢做的事情缺乏兴趣。

（4）体重急剧增加或急剧下降。

（5）睡眠方式的巨大改变（不能入睡、长睡不醒、很早起床）。

（6）有犯罪感或无用感。

（7）无法解释的疼痛（甚至身体上没有任何毛病）。

（8）悲观或漠然（对现在和将来的任何事情都毫不关心）。

（9）有死亡或自杀的想法。

生活中，一些孩子也可能出现其他症状。由于逃课或缺乏兴趣和动力，他们在学校的问题会越来越多。他们也可能拒绝管教，开始大量饮酒或使用毒品，以此来表示他们的愤怒和漠视。总之，任何形式的抑郁都使孩子感到孤立、恐惧和非常不快乐。抑郁的孩子不知道自己哪里不对，他只知道自己的感觉糟透了，不像以前的自己。当他感觉越来越糟的时候，他会越来越没有力量：不能控制自己的心情和生活，好像有一种神奇的东西在控制自己。

可见，抑郁这种消极心态对孩子成长的影响，家长帮助孩子赶走抑郁刻不容缓，这才有可能帮孩子重新找回快乐。那么，家长应该怎样做呢?

1.让孩子爱好广泛

开朗乐观的孩子心中的快乐源自各个方面，一个孩子如果仅有一种爱好，他就很难保持长久快乐。试想：只爱看电视的孩子如果当晚没有合适的电视节目看。他就会郁郁寡欢。孩子是个书迷，但如果他还能热衷体育活动或饲养小动物，或参加演剧，那么他的生活将变得更为丰富多彩，由此他也必然更为快乐。

2.引导孩子摆脱困境

即使天性乐观的人也不可能事事称心如意，但他们大多能很快从失意中重新奋起，并把一时的沮丧丢在脑后。父母最好在孩子很小的时候就着意培养他们应付困境乃至逆境的能力。如果一时还无法摆脱困境，那么可以教育孩子学会忍耐和随遇而安，或在困境中寻找另外的精神寄托，如参加运动、游戏、聊天等。

3.让孩子拥有自信十分重要

一个自卑的孩子往往不可能开朗乐观，这就从反面证实拥有自信与快乐性格的形成息息相关。

4.不要对孩子“控制”过严，不妨让孩子在不同的年龄段拥有不同的选择权

例如，2岁的孩子允许选择午餐吃什么，3岁的孩子允许选择上街时穿什么衣服，4岁的孩子允许选择假日去什么地方玩，5岁的孩子允许告诉买什么玩具，6岁的孩子则允许选择看什么电视节目……只有从小就享有选择“民主”的孩子，才会感到快乐自立。

5.鼓励孩子多交朋友

不善交际的孩子往往性格抑郁，因为享受不到友情的温暖而孤独痛苦。性格内向、抑郁的孩子更应多交一些性格开朗、乐观的同龄朋友。

6.教会孩子与他人融洽相处

与他人融洽相处有助于培养快乐的性格，因为与他人融洽相处者心中较为光明。父母可以带领孩子接触不同年龄、性别、性格、职业和社

会地位的人，让他们学会与不同的人融洽相处。此外，父母自己应与他人相处融洽，热情待客、真诚待人，给孩子树立起好榜样。

当孩子出现一些抑郁症状时，家长应引起重视，多鼓励孩子，发现并表扬孩子的优点，树立孩子的自信心。家长可为孩子选择幽默、笑话、歌舞等类的影视节目或图画书，建立轻松愉悦的生活环境。让孩子记录自己的优点和一些愉快的事情，并每天拿出来看一看，建立自信和良好的情绪。

正确引导孩子的好胜心

美国著名心理学家布鲁纳曾经指出，好胜的内驱力可以激发人的成就欲望。但不注意引导就会导致孩子在相互的竞争中产生嫉妒心理。嫉妒过于强烈，任其发展，孩子则会形成一种扭曲的心理：心胸狭窄，喜欢看到别人不如自己，并喜欢通过排挤他人来取得成功。所以，从小培养孩子积极的好胜心对孩子的成长很有必要。

当然，父母只有了解孩子好胜心理产生的原因，才能有针对性地进行教育，才能让孩子拥有好心态，而好心态就恰似一把金钥匙，在孩子的成长过程中，为孩子打开“自我宝藏”的大门。

家长应该从以下几个方面对孩子进行教育。

1.告诉孩子努力学习是获胜的基础

家长必须让孩子明白，要想在竞争中获胜，必须通过自己努力学习，掌握比别人更过硬的本领。对于能力较弱的孩子，家长更应耐心引导，及时肯定孩子的点滴进步，让他们体会到成功的喜悦，培养他们的自信心。

2.让孩子明白不伤他人是求胜的准则

家长在培养和引导孩子的好胜心时，特别要注意避免嫉妒心理的产生。父母有责任多从客观方面引导孩子，避免消极的、不与人为善的态度，不要时时拿自己孩子的长处和别人孩子的短处相比。

3.教育孩子承认差异，奋进努力

现实中的人必然是有差异的，不是表现在这方面，就是表现在那方面。一个人承认差异就是承认现实，只有承认差异，直面现实，才有努力的方面，前进的目标。

4.帮助孩子克服自私心理

好胜是个人心理结构中“我”的位置过于膨胀的具体表现。总怕别人比自己强，对自己不利。只有驱除私心杂念、拓宽自己的心胸，才能正确地看待别人、悦纳自己，即常说的“心底无私天地宽”。

5.帮助孩子形成正确的自我认识

孩子正处于身心发展的阶段，还不能全面地看问题，不能对自己和他人进行正确的评价，这就要求父母在与孩子相处的过程中，要让孩子懂得“金无足赤，人无完人”，每个人都有自己的长处，也有自己的不足。父母不但要正确地认识孩子，还要帮助孩子形成正确的自我认识。

6.培养孩子宽容的品质

好胜心强的孩子，往往有自身的性格弱点。如与人交往时，喜欢做核心人物；当不能成为社交中心时，就会发脾气；同时，他们不会感谢人，易受外界影响等。对有性格弱点的孩子，父母要悉心引导。在孩子面前，要对获得成功的人多加赞美，并鼓励孩子虚心学习他人长处，积极支持孩子通过自己的努力去超越别人、战胜自己，使孩子的这种心理得到正当的发泄。孩子学会了事事处处接纳他人、理解他人、信任他人，不仅会发现他人的许多优点，而且也会容忍他人的某些不当之处，求大同存小异。这样，孩子的人际关系就会变得融洽和谐。

幽默的孩子更开朗乐观

所谓的幽默感就是通过语言或肢体语言的表达方式，让与自己互动的对象感到愉快的言语或举止。有这种言行举止的人，我们称为具有幽默感的人。具有幽默感的孩子通常很乐观，在生活中不断地制造快乐，让周围的人感到轻松愉快，自己也会富有成就感和自信。因此具有幽默感的孩子，也较容易获得友谊。幽默还能帮助孩子更好地应对生活和学习中的压力，因而幽默的孩子往往比较快活、聪明，能较轻松地完成学业，甚至拥有一个乐天、愉悦的人生。

具体说来，幽默感对培养孩子重要性表现在以下几个方面。

1.幽默是知识与智慧的体现

一个人要想具有幽默感，首先要博览群书、广泛涉猎，平时注重阅读积累。孩子书看多了，见识广了，讨论问题，也会头头是道。更重要的是，说话风趣，就深受小伙伴的欢迎。

2.坦荡是幽默的前提

有幽默感的人一定也是个坦荡的人。培养孩子的幽默感，首先应从培养他光明磊落的胸襟入手，教育他不为小事斤斤计较、耿耿于怀，凡事要有容人的雅量。

3.有助于训练孩子的思维

不可否认，一个有幽默感的人一定是一个思维敏捷的人。要培养孩子的幽默感，思维训练很重要，关键是要打破常规，别让惯性思维束缚头脑。

4.能活跃家庭气氛，拉近亲子关系

有一位幽默的老师，经常妙语连珠，就连他批评人也是意味深长，令人终生难忘。例如，考试有人翻书作弊，他说“微闻有鼠作作祟祟”。他说得如此含蓄委婉，还有谁再作弊呢！后来，他们班上的同学也都一个个变得很幽默。有位家长学习到了这种幽默的教育方式，他在教育儿子时，不自觉地也采取了幽默的方法，如儿子生气了，他说是“晴转多云”；儿子伤心流泪了，他劝他“轻伤不下火线”。餐桌上，他还经常来几个即席小幽默，让大家开开胃。家长这样做，活跃了家庭的气氛，拉近了和孩子的心理距离。培养孩子的幽默感不容易，这不是一蹴而就的，需要循序渐进。

5.让孩子热爱生活，激发乐观向上的热情

真正的幽默不是苦心经营的语言游戏，不是刻意制造的文字陷阱，它应该是一种洞察一切的睿智，是面对困境的从容不迫，是自然而然的生活积淀。每一个做父母的，都希望自己的孩子具有幽默感，可幽默感不是与生俱来的，而是后天养成的。一个有幽默感的人首先是一个热爱生活的人，他要有乐观自信的人生态度，有积极进取的奋斗精神，即使面对失败也能坦然一笑。

人与生俱来就有幽默感的因子，如果父母能好好鼓励并加以培养，让孩子成为一个幽默的人不是一件难事。据研究发现，幽默感从出生后第一个月便开始了，如：婴儿在父母的逗弄下，便会呵呵地笑个不停；1岁左右的孩子，会因为玩“藏猫猫”而狂笑不已。孩子希望自己拥有幽默感，这是他热爱生活的表现，每个家长都应该感到高兴。但幽默不仅仅是制造笑料，更要在幽默中体味生活，培养乐观向上的人生观和勇于开拓的创新精神。这比开心更重要。这表示孩子的幽默感正在形成。培养孩子的幽默感父母的协助是很重要的。在引导孩子具有幽默感特质时，应注意以下一些事项。

（1）幽默感的语言以不伤害他人为原则。

（2）幽默感的语言要注意人际的礼貌。

（3）幽默感的动作以不涉及危险动作为原则。

（4）与孩子说笑话或表演滑稽的动作时，要考虑孩子的年龄。因为大人认为好笑的语言或动作，孩子不见得有同感。但孩子认为好笑的语言或动作，大人要陪孩子一起笑(虽然从大人的角度来看也不见得好笑)。

（5）孩子最快乐的莫过于做自己喜欢的事情。即使孩子不能完成，大人也不可操之过急，应耐心地等待、引导，并适时给予协助。

充满幽默感的语言和事物能让孩子的眼睛亮起来，无形中也刺激了孩子的思维和语言能力。当你对孩子说：“再不收拾玩具，以后就不给你买玩具了。”其实不妨加一点“幽默调味料”，如“玩具们玩了一天都累了，要回家休息了，不然它们要哭了。”让自己和孩子在幽默的语言和气氛中轻松一下。

总之，给孩子足够的空间，让他们寻找自己的生活乐趣，而不是独揽孩子的一切，就能培养出一个幽默健康、积极向上的孩子，好心态会让孩子受益一生！

改变孩子“输不起”的心态

任何一位家长都明白一个道理，孩子最终都会长大，都要步入社会、参与社会竞争，而竞争的不仅仅是知识和能力，也是心态，能输得起、拿得起、放得下的才能笑到最后。家长在培养孩子良好性格的过程中担任着不可替代的角色，孩子阳光、健康心态的获得，必须靠父母的引导才能获得。可是现实生活中，很多家长对自己的孩子疼爱有加，不愿看其受委屈和挫折，也有一些家长往往喜欢将孩子的成功当作自己的“门面”，赢了就夸孩子聪明、能干，输了就指责和埋怨孩子笨，这种教育方式是很不可取的，很容易让孩子走向两个极端，要么失败了就爬不起来，要么就非赢不可。这样的孩子哪里输得起，怎能正视挫折和失败！

这些“输不起”的儿童，往往会：与人交往时，喜欢做核心人物；当不能成为社交中心时，就会发脾气；同时，他们不会感谢人，易受外界影响等。其实，当孩子遇到挫折而沮丧、焦虑、自卑时，家长的职责不在于怎样保护孩子今后不受挫折，而在于如何提高孩子抗挫折的能力。家长应有意识地在日常生活中培养孩子做事的目的性和持久性，并帮助他们通过克服困难来锻炼意志。

一天，小刚妈妈接到学校打来电话，说小刚和同学打架了。当她忐忑不安地赶到学校后，发现儿子和另一位小男生果果以及他的父母都在班主任的办公室里。原来，儿子班上要重新选举班委会，由孩子们自由投票决定。最后果果以2票的优势胜出而当选了班长。儿子接受不了这个现实，当场就哭了起来，并冲过去用力推了果果一把，果果猝不及防，一头撞在桌子上，鼻血直流。

小刚妈妈自知理亏，赶紧主动向果果一家认错、道歉。问题解决后，他们径直回家。丈夫脾气暴躁，一进家门就忍不住要“教训”儿子。看着孩子那害怕的眼神，妈妈连忙拉住了先生。冷静下来后，他们问儿子当时为什么要推果果，儿子被这么一问，眼泪又出来了，抽噎着说：“我的票数为什么会比他的少？我为什么不能当班长?”

小刚的这种心态就是输不起，生活中，可能有不少儿童也这样，平常不时会表现出沮丧的神情，这不是孩子竞争过程中的正常情绪体验，此时，很多家长根本没有设法去引导他的好胜心，反而一个劲儿地指挥他向前冲。在极度好胜与遭受挫折的双重挤压下，就表现出了和小刚一样过激的行为。

其实，从心理学的角度来讲，儿童“输不起”是一种正常现象。无论做什么事情，孩子总是希望自己比别人强，以获得周围人的认可。可是因为儿童年龄小，各方面都不成熟，他们并不了解自己的强项和弱项，在人前或是在集体活动中，一旦不如人，他们就会表现出不高兴。

一般来说，儿童“输不起”通常会有两种表现，一种是面对挫折和失败，采取回避的办法逃避困难。例如，妈妈批评小强学钢琴不认真，不如隔壁的玲玲弹得好，听到这话，小强就索性不弹了。另外一种是一旦在游戏中输了，就大发脾气或哭闹以示宣泄。在幼儿园，老师们常会遇到因为抢不到发言机会而委屈哭泣的孩子。

作为孩子的第一任教师，家长在孩子个性形成过程中起着非常重要的作用。引导“输不起”的孩子，家长首先要平衡自己的心态，正确看待孩子的失败。当孩子在学习和游戏中受挫时，应该教育他们克服沮丧和悲观的思想，帮助他们分析失败的原因，建立积极的心态对待暂时的受挫。

面对这样“输不起”的孩子，家长该如何开导，让他们坦然面对输赢呢?

1.当孩子还在孩子幼儿阶段时

家长应该尽可能地协助他们体验成功，建立起自信。但失败在生活中又是不可避免的，要让孩子将之视为另一种情感体验，在孩子情绪低落时，家长要多鼓励，帮助他们积极面对挫折。家长这样说，既告诉了孩子失败和受挫是成长过程中不可避免的事情，同时也鼓励他积极面对。

2.当遇到不能避免的失败的时候

家长不要过分为孩子排除一些在正常环境中可能遭遇到的困难，当孩子遇挫时，家长不要立刻插手，不妨留给孩子自己面对失败的机会。

3.让孩子在集体游戏中磨炼提高孩子的耐挫力

孩子会经历一些挫折和失败，这些失败的痛苦经历能让他们更好地认识自己，发现自己的缺点和别人的长处，发展他们的内省智能。这样，他们一方面学会了欣赏别人，和同伴友好相处，共同合作；另一方面，在与同伴的交流中，也学会了如何克服困难、解决问题。

4.大人和孩子游戏时不要经常故意输给孩子

适当的时候玩一些输了也有奖励的游戏，奖励的前提是要孩子总结出输的原因。通过这种办法，可以平衡孩子“输不起”的心态。

总之，在儿童成长过程中，当发现孩子总是希望自己比别人强，一旦不如人，就表现出不高兴的时候，就说明孩子有“输不起”的心态。对此，家长要进行有效干预，一段时间过后，这些引导就会起作用，在屡次的竞争中，无论是输是赢，孩子都能够保持平和的心态。在这种轻松的心理环境中，孩子的表现也自然更优秀。这样的孩子能真正体会到“竞争”的含义！

第12章

用爱制止和引导，带孩子远离坏性格

生活中，我们经常听到有些家长抱怨自己的孩子性格坏，如原本乖巧的孩子怎么学会了撒谎和偷窃？孩子太霸道怎么办？现在的孩子为什么这么自私……说到底，这都是孩子在成长过程中出现的一些行为和心理偏差导致的，父母要通过孩子表面的行为去分析其背后的心理，要了解孩子成长的特点和心理特征，并且要用爱来制止和引导，从而带孩子远离坏性格，孩子才能身心健康地成长！

潜移默化地引导，帮助孩子收敛“霸性”

月月虽然是个女孩，但却不像别的女孩那样讨人喜欢，她在班上是个不受小朋友欢迎的孩子，简直就是班上的“捣乱大王”：老师让小朋友们排队离开教室时，她在地板上爬来滚去地疯；小朋友们聚精会神听老师讲故事时，她推推左边的同伴、拍拍右边的同伴，不停地捣乱；游戏的时候，月月又很霸道，她喜欢的玩具就要独占，不让其他小朋友碰……

有一次，小朋友们在玩开火车的游戏，一个小朋友当火车头，由“火车头”邀请其他小朋友上火车，小朋友们在老师的钢琴伴奏下，骑在小板凳上“咔嚓咔嚓”一起前进。开火车游戏是小朋友们都爱玩的游戏，但是每次玩的时候，不管谁当火车头，都不会邀请月月上车。看着其他小朋友兴高采烈地开着小火车，坐在一边的月月显得特别孤独……

小朋友们都不愿把月月当成自己的好朋友，不邀请月月上自己的小火车，显然，月月成了班级团体里不受欢迎的人物。因为她捣乱、淘气、霸道，小朋友都躲开他，避免被她干扰或被别的小朋友认为是属于月月一类的人。其实，月月这样的孩子，在同伴群体里不受欢迎的地位一旦形成，短时间这种形象都难以改变。她属于性格外向、活动水平较高的一类孩子，也就是说，她比较喜欢动而很少对安静型的活动感兴趣。所以，在要求安静的活动中，她容易出现“捣乱”行为。而对于集体生活的一些规则，如排队、保持安静等，月月接受起来有些困难，这就和她的家庭环境和父母的教育方式有关了。

其实，这样的状况对于成长中的孩子来说是危险的，每个孩子都希望有一种自我价值感和归属感，这是他们断努力和奋进的动力，但周围同伴的隔离使得这些孩子变得利索群居，长此以往，会阻碍孩子交到真心的朋友，也会阻碍孩子良好的人际关系的形成。

现在的孩子，在家里基本过着“一个中心”的生活，这容易养成孩子以自我为中心的行为习惯，所以会给别人留下霸道的印象。

那么，怎样才能让孩子改掉霸道的不良行为习惯呢?

1 .为孩子营造和善、有爱的家庭氛围

“你滚吧！想去哪里就去哪里！”这是家庭冲突爆发时，家长对孩子常说的一句话，父母与子女双方都唇枪舌剑，互不相让。久而久之，孩子也养成了霸道的个性，这更是孩子诸多坏心态的来源，消极、悲观、自卑、浮躁、骄傲、自大、贪婪、偏执、嫉妒、仇恨等，它们就恰似愁云惨雾的阴霾，浓烟滚滚的烈焰，消磨孩子的意志，炙烤孩子的心魂。

而相反，相互关爱的家庭，孩子会多一份责任感，会体会到家长的艰辛，这样的孩子往往是积极向上的，也更懂得体贴他人，自然不会霸道。

2.告诉孩子要懂得分享

谦让是中华民族的美德，大多数父母也都明白一个道理，即孩子最终要走向社会，要在群体中生活。与人分享，才能得到别人的信任、支持和尊重，因此，父母希望孩子学会与人分享，养成慷慨、大方、谦让的美德。

实际上，由于家庭教育的缺失，尤其是父母的溺爱，很多孩子自私自利，不愿意与人分享，这对孩子成为一个合格的社会人是极为不利的。在现实生活中，自私、不愿意与人分享的孩子并不少见。这虽然不是什么大毛病，但如果是一个什么都不愿与他人分享，霸道的人，是很难与他人形成良好的人际关系的。所以，从小克服孩子的霸道，培养孩子与他人分享的意识很重要。

3.鼓励孩子大胆交朋友

友谊是每个孩子的重要组成部分。对孩子来说，结交朋友似乎是这个世界上最自然不过的事情。在交朋友的过程中，孩子也能认识到自身的缺点，也能懂得从朋友的角度来思考问题，进而逐步克服霸道的缺点。

总之，我们要让孩子明白，友谊是一笔宝贵的财富，而要获得友谊就要懂得从他人角度考虑，就不能霸道，这样，孩子才能受到别人喜欢，才能有良好人际关系！

孩子任性蛮横，如何处理

“我的女儿今年刚满了4岁，聪明可爱，因为我们工作很忙，长期是爷爷奶奶带的，但我们每天都抽时间过去和她玩。因为她小时候没吃过母乳，身体多病，所以爷爷奶奶对她照顾很周到，总是担心她生病。女儿两岁就上了幼儿园，学习接受能力都不错，就是性格比较任性，有点我行我素，如上公开课，老师点她发言，其实她会，但就是不配合，还跟我们说，不想让这么多不认识的人听她念课文，听老师说平时点她发言很配合的，学习效果可以的。每个新学期开学，孩子总是要哭个几次，不过我们走后，她上课做游戏都很积极，也很喜欢上幼儿园。

“这个暑假，她进步很大，喜欢学习生字，玩玩具也有耐心，但就是性格更加任性，有时可以说固执，如看电视时有哪个节目上的字她不认识，而家里人又没有及时看到告诉她，她就开始吵闹，并且吵得很厉害，我们每次都通过转移注意力的方式让她安静下来，次数多了真是觉得累。跟她说过多次道理，幼儿园的小朋友不认识字是很正常的，可当时答应得很好，过后又是一样着急和吵闹。到底怎么办才能让她能别任性了。”

很明显，故事中的家长所操心的问题是孩子太任性。所谓任性，是指一个人不顾客观环境和条件，自己想说什么就说什么，想做什么就做什么，不听从别人的劝告和阻拦，任着性子来。孩子的任性是一种不良性格特征，对孩子的成长很不利。现代社会，很多父母误解了教育孩子就是满足孩子的一切要求。正是这种有求必应，让孩子形成了任性的坏毛病。

孩子为什么任性呢？是家长的教育使然，有多少父母和祖辈，家中的“小公主”“小皇帝”刚一哭闹要性子，就心软了，就“投降”了，就百依百顺了。等到孩子已经掌握了任性这个要挟大人的“法宝”，知道任性可以“摆布”大人达到自己的目的，无休止地恶性发展下去，当父母想要克服孩子的任性时，才发现自己已经教会了他任性。因此，克服孩子的任性，让孩子懂事乖巧，家长就必须从小开始。

1.防患于未然

孩子的一些任性行为，是有规律可循的。父母可以在生活中多观察，看看孩子在什么情况下会产生任性的行为，下次再遇到这样的情况前，就可以先跟孩子沟通，先定好规则。例如，长辈容易惯着孩子，孩子只要跟爷爷奶奶在一起时就更任性，下次带孩子去长辈家时，就可以先给孩打打“预防针”，避免孩子任性。

2.说理引导

孩子有些要求是无理的或不能满足的，家长应赶紧利用童话、故事等方式，给孩子讲清道理，这常常可以避免孩子任性。家长说理引导一定要及时。

3.激将夸奖

孩子都有好胜心，都喜欢被父母夸奖和赞美，如果孩子还处于任性初期的话，可以通过正面激励的方法来帮助孩子转变，也可以通过反面激将法，故意说他“不能……”，可能他就会说“我能……”，并努力证明给你看。这样，能帮助孩子改掉任性的毛病。

4.注意转移

经常看到这样的情形：孩子任性地要做不该做的事，大人非要阻拦不可，但说也不听、打也不行，一个要干，一个要拦，相持不下，局面尴尬。若恰在这时推门进来一个生人或发生一件新奇的事，孩子立刻被吸引过去，就不再任性了。这是因为他的注意被转移了。孩子的注意力是容易转移的。可以在孩子出现任性行为时，利用当时的情境特点，设法把孩子的注意力转移到能吸引孩子的一些别的、新颖的事物上去。这一方法在任性初起时更灵。

5.不予理睬

在孩子任性地耍脾气时，家长在料定没什么“安全问题”的情况下，就可以不去理睬他，听任他闹一阵子。等他不闹了再去说理。这种方法需要家长一不要太性急，二不要心太软。

6.自我惩罚

比如，孩子不吃饭，拿不吃饭要挟大人。那么，家长就赶快收拾饭桌，让他好好饿一顿。饿肚子的感觉就是最好的“惩罚”。又比如，没到穿裙子的季节孩子犯拧非穿不可，如果其他办法不管用了，那么就让孩子去穿，受凉挨冻就是最好的教育。采用这一方法，一是要确保后果对孩子身心没多大的伤害，二是大人要狠狠心。

总之，孩子的懂事并不是天生的，需要家长的长期引导，改掉孩子任性的坏毛病，对于孩子的任性，不能太过于迁就，不能让孩子得寸进尺。

帮助孩子克服自私心理

这是在旅行大巴车上发生的一幕：

某小学组织学生干部外出参观。出发时，这些学生都争先恐后地挤着上车抢占座位，老师们最后上，没有座位了，都只好站着。40多个平常认为的“好学生”没有一个肯把座位让给老师。由于路途不近，一位50多岁的老教师实在站不住了，就想在过道上坐下。身边的一个男学生急忙说：“哟！您可别坐着我的包了！”

这是在一所学校门口发生的真实的一幕：

有一对夫妇送7岁的儿子上学，到学校门口儿子不走了，要他爸爸叫他一声“爸爸”才肯进去。当爸的觉得在大庭广众之下叫不出口，求儿子免他一回。儿子自然不肯，不叫就不进去。他妈妈在一边撺掇他爸：“你赶快叫吧！你就满足他的要求吧！”这当爸的没办法，对儿子叫了一声“爸爸！”，儿子“唉”了一声，进校门了。

这两幕实在让人悲哀！为什么一个个这么极端自私、冷酷无情？很大程度上是被家长骄纵坏的！问题源于极度关爱、过分溺爱和无限纵容。这已经成为当今一些家庭的通病。有的父母娇惯孩子已经到了违背人伦常理的地步。

孩子应该学会的不仅仅是文化知识，很多孩子却面临着人格缺失，在应试教育的“感召”下，家长只注重学习成绩，而忽视孩子心灵的健康成长，很多孩子自私自利，凡是这种孩子，在他们家里无一不是唯一“核心”。中国父母爱孩子一直用错误的方式爱着，实行独生子女政策更加剧了这种趋势。于是，社会上出现一种奇怪却非常普遍的现象：孩子成了家里的所谓“小皇帝” “小太阳”“独苗苗”，几代人都宠着他、惯着他。孩子心中逐渐形成了自己是“家庭中心”的观念，只知有自己，不知有别人。他以为自己的欲望都应该得到满足，无须感恩和回报；如果不给予满足，是家长的错；至于别人，包括最亲近的父母亲、老师的需要，与他无关，他无须考虑。

这些自私的孩子正面临着心灵的荒漠、人格的缺陷，甚至导致他人生的失败：他们因得不到某种满足或者对别人的一点点不足过失常常耿介于怀，因此往往痛苦多于欢乐，怨恨多于感动；还可能因为极端的自私和狭隘，而演化成为危害社会危害他人的行为。

亡羊补牢，为时不晚，孩子还处在人格的塑造期，家长具体应该怎样教育孩子，解决孩子的自私心理呢？

1.不要溺爱孩子

孩子吃独食，不愿与他人分享，是与家长的溺爱密切相关的。很多家长出于对孩子的爱，把好吃的、好玩的全让给孩子，孩子偶尔想让家长分享，家长在感动之余却常说："我们不吃，你自己吃吧。"长此下去就强化了孩子的独享意识，他们理所当然地把好吃的、好玩的据为己有。

2.不能让孩子搞特殊化

在家庭生活中要形成一定的"公平"环境，这无疑对防止孩子滋长"独享"意识有积极的意义。家长还要教育孩子既看到自己，也要想到别人，知道自己与其他成员是平等的关系，自己有愿望，别人也一样有愿望，好东西应该大家分享，不能只顾自己不顾别人。

3.让孩子明白分享不是失去而是互利

孩子之所以不愿与人分享，是因为他觉得，分享就是失去。家长应该理解孩子这种难以割舍的"痛苦"，让孩子明白，分享其实不是失去，而是一种互利。分享体现了自己对别人的关心与帮助，自己与别人分享了，别人也会回报自己同样的关心与帮助，这样彼此关心、爱护、体贴，大家都会觉得温暖和快乐。

4.对孩子进行分享行为的训练可以从婴儿期开始

如孩子拿着镜子，爸爸妈妈拿着匙，爸爸妈妈温柔而愉快地递给孩子匙，然后从他手中拿走镜子，通过这样反复地交换，孩子便学会了互惠和信任。

5.给孩子分享的实践机会

经常让孩子与小朋友开展生动有趣的活动。孩子与小朋友共同活动，共同分享活动的快乐。另外，应常创造孩子为家长服务的机会，如家里买了水果、糕点时，让孩子进行分配，如果孩子分配得合理，就及时表扬强化。

6.自己为孩子树立榜样

家长要做与人分享的模范，经常主动地关心帮助他人，如帮助孤寡老人、给灾区人民捐衣送物等。

自古以来，无数事实说明：骄纵败子，很多人人生失败的原因，不在于别人，全是因为娇惯溺爱他的父母。因此，父母应该教育孩子，让他通过生活的磨炼，懂得感恩，懂得爱别人，让孩子拥有健全的人格，这是教育孩子的根本！

孩子脾气暴躁，如何梳理引导

每个人都有脾气，一些孩子脾气急躁，遇事容易冲动，特别是对一些不顺心或自己看不惯的事，常常容易生气或怄气，有时还同人家争吵，说出一些使人难堪的话，或影响同学间团结，或影响家庭的和睦。

人的脾气有好有坏。脾气好的人无论到哪里，都会受到欢迎，别人喜欢同他合作、共事；脾气不好的人，则常常给自己和别人带来苦恼，使别人觉得难于与之相处。

人的脾气的好与坏，与人生活和学习的环境有很大关系。温顺、平和、忍耐等好脾气，往往同和睦温暖的家庭环境以及良好的教养有密切的联系；而暴躁、倔犟、怪癖、任性等坏脾气，则常常与娇生惯养、过分溺爱或得不到家庭温暖、父母的要求过于严厉有关。

父母知道，孩子脾气好是有修养的表现，而培养孩子良好的脾气，比用服装和打扮来美化他要具备更高一层的精神境界。一个脾气暴躁的孩子，很难想象他在未来能有什么美好，那么，我们该怎样通过培养孩子的良好修养来达到控制孩子脾气的目的呢?

1.帮助孩子认识到坏脾气的危害

家长要让孩子明白，在生活中总要同其他人进行接触和交往，希望得到别人的好感、友情、赞赏、合作，否则，就会感到孤独、寂寞，寸步难行。人的行为是受意识调节和控制的，孩子认识到了坏脾气的危害，便可从内心产生改掉坏脾气的愿望。

2.引导孩子多看书、多思考

孩子的修养并不是一两个月可以改变的，这需要长时间的修养和熏陶。

比如，我们很久没见一个人，会说他变了一个样，其实就是周围生活熏陶出来的。多读书总有好处，书读得少的话其他练得再多也还是没有内涵的。 还有一点就是，想成为什么人，就和什么人交朋友，家长要让孩子远离一些思想品行低下的不良人士。

3.给孩子一个好的生活环境

一个好的生活环境、好的心态，才能培养出孩子好的修养。

4.增强孩子的阅历

从小不一样的环境会造就不一样的人。一个孩子的阅历、学识，对自己的了解程度都会对修养有一定的影响。

5.让孩子学会控制住自己的情绪

情绪的自控能力的强弱是孩子自制力的重要方面。

（1）让孩子学会宁静。发现孩子放松自己的方法，鼓励他运用这些方法放松自己，特别是在他放学后或者非常活跃之时——这些时候，他可能认为自己很难“着陆”。

（2）警惕不要让那些真正需要安静时间、喜欢独处的孩子，随着时间的流逝而变得离群索居。注意观察他可能出现的任何“孤独”的征兆。

（3）如果孩子有太多的时间独处，建议他参加某个体育或者社交俱乐部或青年团体。

（4）孩子的忌妒、愤怒、沮丧以及怨恨的感受，应该是可以接受的，而不应该遭致惩罚或拒绝。不过，虽然可以有这样的感受，但不能因此而伤害他人。

（5）给每个较小的孩子配备一本感受日志，让他们在固定（或者自由）的时间里，写下他们对作品、学校、事件或人物的反应。

（6）情绪表达需要特别的词汇。他必须知道他可以选用哪些语词来表达自己的感受，而且，如果这种信息以恰当的方式告知他们，他们会非常乐意拓展自己的语汇，以替代那些咒骂性的语言。

（7）给出一些不完整的句子，让孩子去补充完成。例如：“当……的时候，我最幸福”“当我生气的时候，我……”“当……的时候，我感觉自己非常重要”“当……的时候，我感到沮丧”“当……的时候，我可能选择选择放弃”“当我被训斥的时候，我想……”

一个人的修养必然会带来气质上的变化，所以，如果父母希望自己的孩子成为一个仪态端庄、充满自信、能吸引别人的人，就要让孩子学会管理自己的情绪，不断提高孩子的知识、品德修养，不断丰富他们的人生阅历。

开阔眼界，避免孩子心胸狭窄

古今成大事者，不但有大志，一定也拥有宽广的胸怀。胸怀是人格的具体体现，具有宽广胸怀的人，才能成为人格高尚的人，而这正是家庭教育的目的之一。父母应从小培养孩子艰苦朴素的习惯、吃苦耐劳的作风、仁义孝道的思想。一些父母却曲解了这一教育观念的含义，不注意孩子的身心发展规律以及承受能力，导致孩子在逆境和“拮据”的经济环境中“一蹶不振”，形成了负面的人格，如心胸狭窄、斤斤计较等，这对于孩子的成长是极为不利的。家长在教育孩子的时候，精神上的养育绝不能少，这样教育出的孩子才能不畏恶劣的生存环境和残酷的社会竞争，依然能够傲然挺立，拥有比天空还宽广的胸怀，打创出一方属于自己的天空。

其实，家长可以采取一些辅助教育方式，避免孩子狭窄心胸的形成，有以下三个方面家长尝试。

1.让孩子开阔眼界

眼界宽的人，胸怀也会宽广。

这是一位妈妈的教育心得：

我们经常利用各种节假日，带孩子游览祖国的大好河山，受益匪浅。尤其是孩子上了三年级以后，我们带他出去旅游的机会就更多了，如带他领略泰山的雄伟壮观；带他到内蒙古，体会那种“天苍苍，野茫茫，风吹草低见牛羊”的壮阔；带他游览海南岛，观赏热带森林植物的瑰丽和神奇。我们没有刻意地去教育孩子要有宽广的心胸等，但是，孩子却在这一次次的游览中，增长了知识，开阔了眼界。令我们高兴的是，孩子在一次次的经历中，拥有了宽广的胸怀，很少会因为日常小事儿无谓地烦恼了。

2.在阅读中培养孩子宽广的胸怀

书籍中有无数值得孩子学习的心胸宽广的故事，这些故事对孩子的启迪远比家长的说教要好得多。

“我的孩子喜欢阅读，经常自己拿着书蹲在家里的地板上津津有味地看书。

孩子最喜欢看故事书。一次，孩子在读到《将相和》故事时问我：‘妈妈，如果是我，我可不会背着荆条去认罪。’孩子说的是廉颇负荆请罪的事情。我告诉孩子，廉颇负荆请罪，因为蔺相如心胸宽广，以大局为重，所以，秦国才不敢侵犯赵国。还有一次，孩子读到韩信后来做了元帅，竟然宽恕那几个当年侮辱他的人的时候，不解地说：‘这么欺负人，怎么还饶了他们呢？’我问孩子：‘你不是想当一个好孩子吗？你不是希望自己将来能做大事吗？要成就大事，必须要有一个宽广的胸怀。’”

我们可以从这位母亲的教育中获得一些启示，还可以从生活中的一些现象出发，告诉孩子怎样才能拥有一个宽广的胸怀，如不要斤斤计较那些鸡毛蒜皮的小事情，要欣赏他人的优点，不要嫉妒。把“海纳百川，有容乃大”这样一条格言贴在孩子的桌子上，作为孩子的座右铭，让他自我勉励。

3.身体力行，做孩子的榜样

家长是孩子的第一任老师，父母如何待人接物、心胸是否宽广，直接影响到孩子，父母平时待人要和蔼，一些针尖大的事情，没必要斤斤计较，更不要发脾气和出口伤人，父母的一言一行都映射在孩子幼小的心灵上。

“我们经常教育孩子心胸要宽广，要宽以待人，对待他人要热情等。一次，楼上邻居晾晒的衣服上不断滴下的水把我洗好就要晾干的衣服又淋湿了，害得我又把衣服洗了一遍。但我只是客气地提醒楼上的邻居，没有生气发火。还有一次，我在送孩子上学的路上，被一辆自行车刮了一下，手很痛，骑车人不断地说对不起。我看着有些红肿的手背，只告诉骑车人要注意安全，就让他走了。孩子问我：‘妈妈，你怎么让他走了？万一你的手骨折了怎么办？’我笑着对孩子说：‘没关系，妈妈的手不会骨折。一会儿就会好的。叔叔也不是故意的。他已经道歉了。’”

真正成功的人一定是个心胸宽广的人，斤斤计较者满足于眼前的小利益，最终与成功无缘，因此，家长一定要注意孩子的品质培养，不要因为“拮据”的物质条件，让孩子原本豁达、宽广的胸怀被搁浅甚至埋葬！

参考文献

[1]孙佳.锻造孩子性格的99个故事[M].重庆：重庆大学出版社，2013.

[2]李群锋.儿童性格心理学[M].苏州：古吴轩出版社，2013.

[3]（瑞士）葛安妮,葛碧建.0～12岁，给孩子一个好性格[M].贵阳：贵州教育出版社，2016.

[4]方向苹.儿童性格色彩心理学[M].北京：中国纺织出版社，2016.